江苏省高等学校自然科学研究面上项目(20KJD170006)资助
江苏省住建厅项目(2019ZD00112)资助

基于遥感水汽廓线产品的大气边界层高度提取方法研究

冯学良　董　云　著

中国矿业大学出版社
·徐州·

内 容 提 要

大气边界层又称行星边界层,指的是直接受下垫面的影响并且与下垫面相互作用的大气的底层部分。地球表面与大气之间动量、能量的交换,水汽、二氧化碳等以及各种大气污染物的排放和扩散,都发生在大气边界层内,地表提供的物质和能量主要在大气边界层内消耗和扩散,因此研究大气边界层对观测大气污染以及水汽和能量通量具有重要的意义。本书系统总结和归纳了大气边界层高度的计算与模拟方法,分别就基于 MODIS MOD07 和 AIRS 大气廓线数据的大气边界层高度计算方法和结果进行了详尽的阐述与论证,并将大气边界层高度的模拟结果应用到黑河流域的蒸散发量的遥感估算模型中。

本书可供相关专业的大中院校以及从事大气边界层高度研究的人员参考和借鉴。

图书在版编目(CIP)数据

基于遥感水汽廓线产品的大气边界层高度提取方法研究 / 冯学良,董云著. —徐州:中国矿业大学出版社,2021.6

ISBN 978 - 7 - 5646 - 5050 - 6

Ⅰ. ①基… Ⅱ. ①冯… ②董… Ⅲ. ①大气边界层—研究 Ⅳ. ①P421.3

中国版本图书馆 CIP 数据核字(2021)第122876号

书　　名	基于遥感水汽廓线产品的大气边界层高度提取方法研究
著　　者	冯学良　董　云
责任编辑	马晓彦
出版发行	中国矿业大学出版社有限责任公司
	(江苏省徐州市解放南路　邮编 221008)
营销热线	(0516)83884103　83885105
出版服务	(0516)83995789　83884920
网　　址	http://www.cumtp.com　E-mail:cumtpvip@cumtp.com
印　　刷	江苏凤凰数码印务有限公司
开　　本	787 mm×1092 mm　1/16　印张 6.25　字数 119 千字
版次印次	2021 年 6 月第 1 版　2021 年 6 月第 1 次印刷
定　　价	25.00 元

(图书出现印装质量问题,本社负责调换)

前　　言

经过为期 3 年的"打赢蓝天保卫战行动计划",2020 年全国未达标的 262 个城市 PM2.5 平均浓度为 43 $\mu g/m^3$,同比下降 10.4%;338 个城市优良天数比例为 79.3%,同比提高 1.3%,均达到序时进度和年度目标要求。尽管我国大气污染问题在总体上得到改善,但目前我国大气污染物排放量仍处于高位,产业结构、能源结构、运输结构、用地结构等方面矛盾仍然突出。京津冀及周边、长三角地区、汾渭平原三大污染重灾区,单位面积大气污染物排放量为全国平均水平的 3～5 倍。及时、全面的预警与防治大气污染刻不容缓。污染物在大气边界层的扩散行为模拟对城市大气污染预报系统的构建起到重要的促进作用,而大气边界层高度及其状态的研究是建立大气污染预警与扩散模型的必要条件。此外,中国还面临水资源日渐匮乏的问题,迫切需要改变陈旧的水资源管理与开发利用理念,采用基于蒸散发量的实际耗水管理模式,提升水资源利用效率。多年来,遥感估算蒸散发量一直被视为实现大范围地表水资源动态监测的有效手段。然而,在经典的反演地表通量的 SEBS 模型中,大气边界层作为通量传输的终点,其输入参数的时空分辨率对模型精度有着重要的影响;时空连续的高精度大气边界层高度数据对上述模型不可或缺。

2012 年作者通过国家基金委重大研究计划"生态水文过程集成研究"之"干旱区陆表蒸散遥感估算的参数化方法研究"项目有幸参与了 HIWATER 计划的联合试验,在试验中亲自参与了黑河流域探空数据的采集与计算,认识到了传统的基于探空廓线数据的大气边界层高度的计算方法费时费力,且不能保证时空的连续性。在后续的项目研究中,作者不断探索新方法与新数据,分别构建了基于 MODIS MOD07 和 AIRS 大气廓线数据的大气边界层高度计算方法,为大气边界层高度的计算提供了新的数据源和思路。望本书的出版能为大气边界层学科的发展贡献微薄之力,为后续的相关科研人员开拓思维。

本书的研究和出版还得到了江苏省高等学校自然科学研究面上项目"江苏省北部地区作物地上生物量估算遥感方法研究"(编号:20KJD170006)以及江苏省住建厅项目(编号:2019ZD001112)的资助。

感谢徐敏辉和陈文霜同学在书稿格式的编排与内容的校核中的贡献,感谢淮阴工学院的董云院长、彭宁波院长、唐乐博士、罗雅丽博士对于本书出版的支持,在此表示衷心的感谢;同时对本书中所引用的数据和文献作者表示真诚的感谢。

受作者水平所限,书中难免会存在一些不足,欢迎读者批评指正,电子邮箱:fengxl@hyit.edu.cn.

作 者

2021 年 4 月

目　　录

第1章 绪 论

1.1 研究意义

大气边界层（ABL）又称行星边界层（PBL），是指直接受下垫面影响并且与下垫面相互作用的大气的底层部分[1-5]。地球表面与大气之间动量、能量的交换，水汽、二氧化碳等以及种大气污染物的排放和扩散，都发生在大气边界层内。生活中，人们熟知的沙尘暴、暴雨等突发性灾害天气，以及一些常见的天气过程（如降水、雾、霜等）都与大气边界层内的过程密切相关[6]。这些对人类的日常生活和经济活动都有着重要的影响，同时大气边界层对全球气候条件的变化也至关重要。随着城市化进程的不断推进，人类的生产、生活等活动主要发生在大气边界层中，对各种气象过程的影响程度不断增加[7-8]，人们对边界层的研究也越来越深入。其中天气预报和气候预测是大气科学和大气动力学研究的一个重要内容，其主流方向分为数值模拟和预报两个部分。从目前来看，模式结构越来越细，动力学的框架越来越精确，物理过程考虑得越来越全面，是数值模拟和预报发展的总体趋势。为了达到以上目的，就必须对大气边界层进行更为精确的描述[9-10]。应用大气边界层的知识也可以解决很多与国民经济有关的问题，蒸散发量的估算中需考虑大气边界层的基础理论，水库的设计需要考虑边界层的气候和气象因素，农田小气候中气象要素的计算更是以微气象学理论为基础，农田水利和防护林的建设、风能的合理利用以及土木建筑中风振、风压等问题的解决等都要考虑边界层内风速和风场的特征。此外，大气污染防治问题更是与人们的生活息息相关，在大气污染防治中可以边界层的湍流状态和大气边界层的运动规律为依据来定量地计算一定的污染源所造成污染物浓度的分布与时间演化。大气边界层学科的研究，也是大气环境预测所必需的[11-14]，更是利用 A 值法精确计算大气环境容量的基础[15-16]。大气边界层的研究对大气环境总量控制起着重要作用，可以为环境规划和经济发展战略的制定提供重要的依据。而在大气边界层的研究中，大气边界层高度又是大气边界层的重要参数，因此大气边界层高度的研究对边界层研究有着极其重要的意义。同样，对于遥感蒸散发模型而言,利用遥感反演的地表参数反演地表通量时,边界层数据的输入对模型精度也有着重要的影响。

1.2 研究目的与研究内容

1.2.1 研究目的

在以往的模型中大部分研究人员使用地面上方 2 m、10 m 或者探空数据的某一等压面高度,如文献[17]中的用于监测蒸散发量的 ETWatch 模型将850 hPa(1 hPa=0.1 kPa)作为参考高度来迭代计算感热通量。本书提出了基于大气红外探测器(AIRS)大气廓线产品的边界层高度提取方法,从像元尺度反映了流域边界层高度的空间变化,该方法所提取的大气边界层数据可以作为遥感蒸散发模型的边界层数据输入,同时可以降低蒸散发模型对地面热力特性的敏感性。此外,在蒸散发量估算过程中,大气边界层作为通量传输的终点,提升其时空分辨率对捕捉高频通量动态、克服模型尺度效应、改善结果精度有着重要的意义[18]。

将利用遥感数据所提取的边界层高度以及边界层高度上的参数代入遥感蒸散发模型,替代以往模型中以 2 m、10 m 或者将流域内高空站 850 hPa 作为参考高度来计算流域内的感热通量,还具有以下优点:

(1)如果用地面 10 m 处的观测温度作为参考温度,则会有一定的缺陷。首先地面站点所测温度代表观测点以及上风向 100 m 左右的地表状况,而遥感观测温度,以中分辨率成像光谱仪(MODIS)为例,所测温度代表了观测点周围 1~10 km 的尺度,因此,两者之间会有尺度问题。

(2)感热通量可用类似于分子热传导的公式来描述,即:

$$H = \rho c_p K_T \frac{\partial T}{\partial Z}$$

式中:ρ 是空气的密度,标准状态下 $\rho = 0.001\,29\ \text{g/cm}^3$;$c_p$ 为比定压热容,$c_p = 1.0 \times 10^3\ \text{J/(kg} \cdot \text{℃})$;$\frac{\partial T}{\partial Z}$ 为铅直空气温度梯度;K_T 为湍流交换系数。如果以遥感观测的地表温度与地面站点观测的 2 m 或者 10 m 处的温度来计算感热通量,由于两者之间的温度差值较小,从而放大了观测误差的影响。因此,使用边界层高度尺度的位置作为参考高度,由于边界层高度较高,其和地面的温差较大,因此可以降低温度的反演误差对感热造成的影响。

(3)如果使用无线探空数据作为参考高度,则会存在流域内探空站站点分布不足、卫星过境时间与探空数据发射时间不同步,以及探空数据获取延迟等问题。

（4）由于大部分的湍流只发生在边界层内,使用边界层高度作为计算感热通量的参考高度所计算出的感热通量为边界层内的平均感热通量,可以消除由于边界层内湍流局部异常扰动对感热估算的影响。因此,使用遥感数据估算的空间分布的边界层高度来计算感热以及潜热通量对地表能量模型尤其是蒸散发模型的改进有着极其重要的作用[19]。

1.2.2　研究内容

尽管边界层高度的时空变化对研究蒸散发量的估算、水利设施的建设、防风防护林工程的开展、风能的合理利用,以及大气污染防治问题等有着重要的作用,但是目前适用遥感手段揭示边界层时空变化的研究还很少[20]。随着遥感事业的发展,卫星反演的大气温度和水汽廓线数据越来越多,方法和精度也在不断提高。其中 MODIS 卫星上的 MOD07 及 AIRS 大气廓线数据已经累积了 10 年;一些静止气象卫星如国产的风云系列气象卫星有半小时的时间分辨率。如果这些数据的水平以及垂直分辨率能够满足边界层高度估算的需求,那么将很好地缓解目前边界层高度时空变化信息不足的问题。

大气边界层又称为行星边界层,是指受地球表面直接影响的低层大气。大气边界层的厚度是随时间和空间不断变化的,它的变化幅度为几百米到几千米。大气边界层底部的各种气象要素都有着较大的垂直梯度,在这一层中大气湍流通量随高度的变化非常小（比它们自身量级小 10%）,因此这一层也可以视为常通量层。在遥感科学的应用中,近地层空气温度数据通常是利用气象站的站点数据插值得到的,并在空间尺度上与遥感获取的地温图像相匹配,但它们在观测时间上并不同步,而且空气温度是与下垫面性质密切相关的。张仁华等[21]认为,考虑下垫面因素的气象要素插值能够更加有效地改善气温、风速等非遥感因子的空间扩展精度。Anderson 等[22]认为,空气温度与陆面植被覆盖以及土壤湿度的关系非常密切,因此他们使用了土壤-植被-大气传输模型。Norman[23]模拟了不同植被覆盖和土壤湿度条件下空气温度的日变化过程,并且说明了异质的陆面可造成近地层空气温度（距地表 2 m）高达几摄氏度的差异,从而对通量估算的结果造成非常大的影响。Norman 的研究也说明在 1 m 高的冠层和 5 m/s 的风速条件下,地气温差 1 ℃ 的误差可能会造成通量计算中 40 W/m² 的偏差。因此,使用观测时间与地表温度同步的边界层高度尺度遥感估算的温度以及湿度数据来估算感热和潜热通量将很好地解决以上问题。

本书根据以上的思路旨在以遥感大气廓线数据为主要数据集,针对目前的边界层高度估算方法不能估算出时空连续的边界层高度的问题,利用遥感数据时空连续性好的特征,分别基于 MODIS MOD07 及 AIRS 大气廓线数据结合边界层理论,研究可行的基于遥感数据的边界层高度估算方法,逐像元计算流域的大气边界层高度,得出流域级别的逐日边界层混合高度数据集,并利用 GPS 探空廓线数据观测的边界层高度对计算结果进行验证。精度可靠后为遥感蒸散发模型以及其他大气污染模型提供遥感估算的边界层参数输入,从而达到提高模型精度的效果。本书的主要研究内容有以下几点:

(1)基于 MODIS MOD07 大气廓线数据的大气边界层高度估算方法

由于 MODIS MOD07 大气廓线数据容易受云的影响,在很大程度上会造成数据的缺失,因此需要对晴朗日有少量缺失的数据进行插补。本书主要利用基于时空序列方法对缺失数据进行插补,插补后利用探空站的标准温湿廓线数据对 MODIS MOD07 大气廓线数据进行验证,然后逐像元分析温度廓线、水汽廓线、位温廓线的变化规律,最后根据各气象参数的特征选取能够反映大气边界层高度特征的气象参数的廓线提取边界层高度。

(2)基于 AIRS 大气廓线数据的大气边界层高度估算方法

与 MODIS MOD07 大气廓线数据相比,AIRS 大气廓线数据方法更加成熟,具有无数据缺失、垂直分辨率高、估算精准度高等优点,因此基于 AIRS 大气廓线数据的边界层高度提取方法研究是本书的一个主要内容。首先下载并预处理 AIRS 温、湿廓线数据,进行合并、裁剪、生成研究区时空连续的数据集,选取典型时间、典型地点对温湿廓线的特征进行分析,选取能够反映大气边界层高度的特征参量,指定大气边界层高度的确定法则,最后对数据集进行运算生成时空连续的大气边界层高度数据集。

(3)高时空分辨率的大气边界层高度反演方法展望

当前基于地基探空数据的边界层观测设备昂贵,而基于卫星遥感边界层探测资料的高度反演方法主观性较强,并且受限于遥感传感器技术,难以同时实现高空间和高时间分辨率,导致应用水平受限。因此,以构建具有自适应性的大气边界层高度反演方法作为出发点,融合高时间分辨率的边界层观测资料和高空间分辨率的多源地表状态信息,发展具有高时空分辨率的大气边界层高度反演方法和对应产品是本书将要介绍的另一个主要内容。

1.3 研究技术路线

本书涉及的大气边界层高度反演技术路线如图 1-1 所示,主要分为以下几个方面:

（1）MODIS MOD07 及 AIRS 大气廓线数据的预处理。

（2）基于 MODIS MOD07 水汽廓线数据的大气边界层高度的提取。

（3）基于 AIRS 大气廓线数据的大气边界层高度的提取。

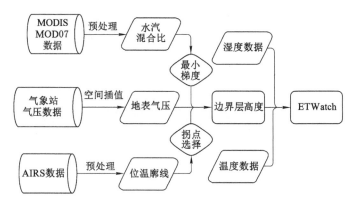

图 1-1　本书研究技术路线图

第 2 章　国内外研究进展

2.1　国内外大气边界层领域的发展现状与趋势

进入 20 世纪以后,随着科学技术的不断发展,大气边界层理论逐步形成。首先是湍流理论的建立,经过研究,Taylor[24-25]分别于 1915 年和 1935 年相继发现了大气中的湍流现象并提出了湍流的各向同性理论,这是大气边界层研究的湍流统计理论基础,也是大气边界层研究的基础。行星边界层概念的形成发生在 1905 年 Ekman[26]提出了 Ekman 螺线之后,Blackadar[27]在前人的研究基础上于 1962 年将混合长假定引入了大气边界层。进入 20 世纪后期,农业、大气污染以及军事等领域的不断发展加大了对大气边界层学科的依赖,大气边界层的研究进入了高潮。为了揭示边界层的变化规律,一些近地层的相似性理论在这一时期被相继提出。Monin 和 Obukhov[28]在 1954 年建立了近地层湍流统计量和平均量之间的联系,具有里程碑式意义的 Monin-Obukhov 相似性理论应运而生。为了补充近地层相似性理论在局地自由对流时的空白,Wyngaard[29]于 1971 年提出了局地自由对流近似方法,根据美国的 Minnesota 试验所获得的资料,Kaimal 等[30]于 1976 年得出了实测的自由对流大气边界层中气象要素的廓线分布。1986 年,通过在俄克拉荷马州进行的边界层野外试验,Carlson 等[31]用飞机观测到了系统的大气边界层湍流通量和其他高阶量的空间分布。在此之后,各国科学家通过试验对这些理论又进行了进一步的验证[32],为相似性理论向全边界层的扩展做出了自己的一份努力,并取得了一定的成果[33]。1982 年,Dyer 等[34]利用 1976 年在澳大利亚进行的湍流对比试验(ITCE)对 Monin-Obukhov 相似理论进行了进一步的完善,使得该理论有了极大的应用价值。虽然各国科学家在大气边界层理论研究方面取得了一定的成果,但在不稳定大气边界层方面的相似性理论研究却仍然较为空白[35]。20 世纪 70 年代以来,随着雷达技术、机载系留气球和小球探空观测以及卫星遥感和数值模拟等手段的不断发展,大气边界层的研究对象逐步由近地层向整个边界层发展。

数值模式的引入是大气边界层学科的另一个研究方向,该方法利用一定的数学语言和简化过程对大气边界层的参数进行计算和预测,并可以采用一定的参数化方案使湍流方程闭合。其中经典的 K 理论[36]在经过各国学者的不断改进和完善之后,虽然在混合边界层中的应用仍会受到一定的限制,但其仍然在大尺度的模式中被广泛应用至今[2]。随着计算机技术的发展以及计算机性能的不断提高,很多更高阶的湍流闭合方案也在不断地被提出[37-38],目前在一些数值模式中 1.5 阶和 3 阶闭合方案被广泛地应用[39]。此外,在计算能力得到保障的前提下,在大气对流运动的模拟中有一定优势的 Deardorff 的大涡数值模拟技术[40]也逐渐发展起来。通过这些理论研究和试验观测,大气边界层的物理过程以及变化规律都得到了较好的揭示,使人们对之有了更为完整的认识[41]。

我国的不少学者在对国内的大气边界层高度变化特征及其对近地层大气污染浓度扩散的影响研究之后,在大气边界层领域也取得了一定的成果[42-47]。蒋维楣等通过对成都、重庆、北京、兰州及珠江三角洲等地区的大气边界层高度研究后发现,大气边界层高度有明显的日变化以及季节性的周期变化,日变化呈现早晚低、下午高,而季节性变化通常呈现春季和夏季高、秋季和冬季低的周期性变化;边界层高度的年内和一天内的变化幅度可以达到百米甚至千米级别[48]。通常情况下,白天对流边界层厚度在 1 000 m 左右,夜间或者大气稳定条件下的稳定边界层的最大厚度一般在 400~500 m[5]。大气边界层高度与下垫面类型以及气候因素密切相关,使得大气边界层高度的空间分布也非常不均匀。在中低纬度地区,尤其是在低纬度的干旱荒漠地区,由于地表的潜热通量非常小,太阳辐射基本以感热通量的形式对大气边界层进行加热,因此这一地区夏季白天的对流边界层厚度最高可以达到 5 000 m 甚至更高[5],同样,由于我国西北干旱地区和低纬度干旱荒漠地区的下垫面条件相似,因此在这一地区也曾观测到 4 000 m 以上的对流边界层[49]。这些都说明特殊气候背景或特殊地区大气边界层结构可能会与一般地区很不相同。此外,叶堤等[50]还发现与大气污染密切相关的空气污染指数与混合层高度呈负相关关系,大气边界层混合层高度是影响城市空气质量的一个重要因素。

目前受技术手段以及科学理论的制约,大气边界层理论在下垫面性质不均匀分布、地形复杂地区的应用还存在一定的不足。对一些特殊地区(如极端干旱地区、青藏高原高寒地区)以及极端天气条件(如沙尘暴、强降水),由于气候条件恶劣加大了气象参数的观测难度,因此对这些地区边界层结构性质的研究还存在一些不足[51-52]。目前,受观测系统和探测技术的制约,大气边界层学科的发展受到了一定的影响,数学、物理等基础学科发展水平同样对大气边界层学科至关重要,大气边界层学科是随着它们的发展而发展。大气边界层高度能够通过湍流参数(通量、方差、湍流强度、理查森数等)或其他相关物理量(如位温、比湿、平均风场、气溶胶浓度等)的垂直廓线进行确定[53]。基于无线电探测仪观测的温度、湿度和风速等大气参数廓线计算确定边界层高度是当前最常用和最可靠的手段。然而,常规国家级探空站观测频率只有 2～4 次/d,在边界层高度变化敏感的地区难以反映其在时间和空间上的连续变化。为应对探空廓线资料缺乏的情况,各国学者相继提出了解决边界层问题的方法,其中包括利用地面气象资料与大气边界层的关系来估算大气边界层高度,但这些参数化的方案受其所选参数和适用范围的限制很难大范围适用[42,54-55]。此外,系留气球[56]和飞机探测[57-59]也能够提供湍流和一些示踪气体的垂直廓线,基于此评估的边界层高度在理论上和无线电探空仪资料相近。然而,昂贵的测量成本导致地基探测方法不适用于长时间、大范围的测量和研究。

近几十年来,遥感技术成为估算大气边界层高度的常用手段[4,19,60-64]。常用的风廓线雷达、激光雷达、连续波雷达、微波辐射计和声雷达等设备均能够提供一定范围的边界层信息。激光雷达和声雷达均通过雷达的回波信号模拟瞬时的气溶胶数据的空间分布,进而求解气溶胶浓度分布梯度并判断边界层的高度[60],部分研究者开始尝试局地组网对边界层进行连续观测[65]。云-气溶胶激光雷达和红外卫星观测系统 CALIPSO 具有很高的垂直(近地层垂直分辨率为30 m)和空间分辨率(5 km),是当前使用最广泛的云-气溶胶星载激光雷达,能获取全球白天和夜间的云-气溶胶三维分布特征信息,是获取大范围大气边界层高度的潜在数据源[66];但受其空间覆盖率不足和时间分辨率过长(重访周期为16 d)的影响,该数据的大气边界层高度结果应用受到一定的制约。

综上所述,目前大气边界层学科面临的主要问题有:

(1)非均匀和复杂下垫面条件下大气边界层和城市大气边界层的研究;

(2)特殊地区边界层特征如干旱荒漠区大气边界层特征、青藏高原高寒区大气边界层特征的研究;

(3)沙尘暴等特殊天气条件下大气边界层特征的研究;

(4)将湍流过程在模式中进行更合理表达的研究。

从目前的发展趋势来看,地表和大气之间相互作用的能量变化过程越来越受到研究者的重视。另外,从边界层参数的观测手段来看,边界层的发展趋势正在由大气参数平均量的测量到大气参数快速涨落测量,再到如今通过遥感手段进行测量。从研究范围看,大气边界层的研究对象已经由近地表边界层变为整个边界层的研究。从研究方法和手段上看,正在由单一专题向多目标、区域化以及多学科多项目综合研究发展。

2.2　气象学基本概念

2.2.1　位温

位温是指将干空气按照干绝热过程膨胀或压缩到标准气压(1 000 hPa)时的温度。

2.2.2　水汽混合比与比湿

水汽混合比(MR)是指单位质量的湿空气内水汽质量与干空气质量之比，一般以 g/g 或 g/kg 为单位，数值大小和比湿相近。

比湿是指湿空气中的水汽质量与湿空气的总质量之比。

2.2.3　绝对湿度

绝对湿度是指在标准状态下(0 ℃,1 000 hPa)，单位体积湿空气中所含水汽的质量，即水汽的体积密度，一般用 mg/L 表示。

2.2.4　相对湿度

相对湿度是指空气中实际水汽压与饱和水汽压的百分比，可以表示为湿空气的绝对湿度与相同温度下可能达到的最大绝对湿度之比，也可表示为湿空气中水汽分压力与相同温度下水汽的饱和压力之比。

2.2.5　露点温度

露点温度是指湿空气在水汽质量没有和外界发生交换以及气压不改变的条件下，将其冷却到饱和时的温度。因此，露点温度是湿度的一个温度形式的表达。

2.2.6　气温直减率

气温直减率是指气温随高度变化的程度，一般而言，气温的垂直变化与高度有着较吻合的线性关系，这个线性关系的系数就是气温的垂直递减率，全球平均为 6 ℃/km。

2.2.7　大气稳定度

大气稳定度是指大气在垂直方向的稳定程度，用来形容大气是否容易发生湍流。大气稳定条件下,大气层结趋于保持原来的形态不易发生湍流;大气不稳定条件下,大气层结一般呈现下部温度较高、上部温度较低的情况,这时候大气的湍流发展旺盛;而大气中性条件下,大气层结的形态则介于两者之间。

2.2.8 夹卷过程

云内外空气有强烈的混合,云外空气进入云内的过程称为夹卷过程。夹卷包括湍流夹卷和动力夹卷。湍流夹卷是指通过云顶和侧边界,云内外进行热量、动量、水分和质量的湍流交换。动力夹卷是指由于云内气流的加速上升,根据质量连续性的要求,四周空气必然会流入云中进行补偿。

2.2.9 大气逆温

在一般情况下,大气的温度都是下部温度较高、上部温度较低,这种大气比较容易发生湍流。然而在夜间,则会出现大气层上部温度高、下部温度低的情况,这时候大气趋于稳定,这种大气结构称为大气逆温,而发生逆温的大气层称为逆温层。

2.2.10 大气层结

地面上方对流层中,大气温度、湿度等要素的垂直方向分布状况称为大气层结。

2.2.11 大气干绝热过程

在气块垂直升降运动过程中,气块中所含的水汽始终未达到饱和,没有发生相变的绝热过程,称为干绝热过程。这里的"干"表示未饱和气块在绝热过程中没有发生水相的变化,并非指不含水汽。"绝热"表示系统与外界无热量交换的过程。因此,"干绝热"指没有相变发生的绝热过程。例如,干空气块和未饱和湿空气块的升降过程。由于干绝热过程满足垂直运动的三个基本假定,因此它又是可逆过程,常称为可逆干绝热过程。干绝热过程中,温度变化完全取决于气压的变化。大气的干绝热过程可用下式表示:

$$\frac{T}{T_0} = \left(\frac{p}{p_0}\right)^{k_d} = \left(\frac{p}{p_0}\right)^{0.268} \tag{2-1}$$

式中:p_0,T_0 表示初始状态气块的压强和温度;p,T 表示任意状态下气块的压强和温度。该方程即干空气或未饱和湿空气的绝热方程,称为干绝热过程(又称泊松方程)。该方程反映了未饱和湿空气在干绝热过程中温度和压强之间的关系,气块的温度仅取决于气压。根据干绝热方程,已知未饱和湿空气的任意初始状态(p_0, T_0)，可求得干绝热过程中任一状态相应的(p, T)。

2.3 大气边界层的分类及其日变化

根据边界层位温、比湿以及风速等气象参数廓线的日变化特点，可以将大气边界层分为三种状态：对流边界层(CBL)、稳定边界层(SBL)和残留层(RL)。

如图 2-1 所示，在白天基于对流边界层的不同特点，可以将其分为表面层（边界层底部的 5%～10%）、混合层（边界层中部的 35%～80%）和夹卷层（边界层顶部的 10%～60%）三层。日出后，地表在太阳辐射的加热作用下，热量经地表向大气输送，对流边界层开始发展。随着地表吸收太阳辐射的增加，自由热对流湍流开始逐步发展和增强，在感热通量的作用下地表对其上方的空气进行加热和升温，与此同时，由于上、下层大气温度的差别，大气层自上而下地输送动量使得大气层底部的气流加速，伴随着地表附近暖空气的热泡由地面上升进入逆温层，逐步形成夹卷[67]。对流边界层的能量场和风场在这一过程中不断地改变和调整，直到下午边界层高度达到最高时两者达到平衡为止。对流边界层中的湍流通常是伴随着边界层中温度较高的下垫面和温度较低的云顶之间的对流而形成的，当大气边界层的对流发展到一定程度使得大气边界充分混合时，边界层内的位温和湿度等参数随高度的分布几乎为定值，因此对流边界层又叫作混合层[68]。夹卷层是位于对流边界层顶部的稳定层结，有时稳定度足以归入盖顶逆温层，位温在夹卷层底突然增加，水汽被抑制在夹卷层下，因此比湿突然减小。对流边界层的高度即是盖顶逆温层底的高度[69]。残留层一般于日落前半小时左右形成，在没有冷空气平流的情况下地表的热泡不再形成，原先混合边界层中的湍流逐步衰减，由于此时边界层内的大气变量和浓度在湍流衰减的作用下和原先混合层中的位温、湿度等气象要素一样，随高度的分布不发生变化，因此，此时的大气层结又叫残留层。残留层属于中性层结，此时湍流的分布是各向同性的[68]。在残留层的顶端存在着一个逆温层，这个逆温层是白天混合层发展的上限。

稳定边界层一般形成于夜间，由于日落后地表长波辐射的降温作用，残留层的底部通过与地表直接接触从而受到地表的降温作用影响而成为稳定边界层，有时由于暖空气平流到达温度较低的下垫面时也会形成这种稳定层结，这两种情况的共同点是都会造成大气上层温度较下层温度高。稳定边界层虽然处于静力稳定状态，但空气中常常会伴有较弱和分散的湍流。大部分情况下，风切变是造成这些湍流的主要原因，白天地表摩擦力的作用使得混合层中的风速低于地转风风速，在日落后稳定边界层逐步形成，湍流作用减弱甚至终止。由于压强梯

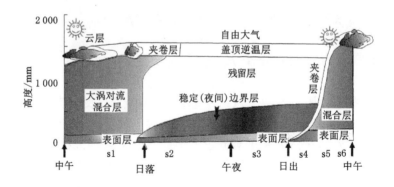

s1～s6——一天中的 6 个时刻。

图 2-1　大气边界层日变化过程示意图

度的作用,稳定边界层内的风速逐渐增加到地转风风速,而其高处残留层的风速可能加强到次地转风风速,这种情况又叫作低空急流或夜间急流现象。很多研究者把急流中心定义为稳定边界层的高度,由于急流的阻挡,其上方大气层中的湍流不再受到下垫面的影响[70]。

图 2-2 为大气边界层位温廓线日变化过程图,反映了一天中不同时刻位温廓线的结构变化以及不同大气边界层高度的确定。

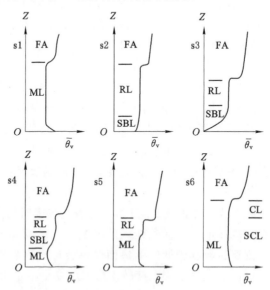

FA—自由大气层;ML—混合层;RL—残留层;SBL—稳定边界层;SL—近地层;SCL—云下层。

图 2-2　大气边界层位温廓线日变化过程图[2]

2.4 大气边界层高度的观测与计算方法

观测和计算是获得边界层高度的两种主要方法。GPS 探空观测是目前主要的观测手段,而遥感观测则是近几十年发展起来的比较先进的大气观测新兴手段,遥感技术中常用声雷达和激光雷达等对边界层参数及其高度进行观测。由于声雷达和激光雷达在大气气溶胶反演、空气污染物浓度的估算以及大气成分的研究中具有独特的优势,近年来在大气边界层的观测中被广泛应用。激光雷达和声雷达与遥感技术一样具有观测范围广、时空分辨率高等特征,可以对大气边界层进行全天时的全景探测,另外,结合相应的参数化方案还可以获得大气边界层中的一些其他参数。激光雷达和声雷达的原理都是通过雷达的回波信号来反演各瞬时的大气参数以及其高度。虽然其探测结果的合理性还有待进一步讨论,但是大量试验都验证了雷达数据探测边界层高度的可行性,这些试验通过对森林、峡谷和海洋等地区的边界层探测发现,大气气溶胶主要分布在大气边界层内部,而雷达可以反映出气溶胶数据的空间分布,通过气溶胶浓度分布梯度可以判断出边界层的高度[71]。但是由于仪器对操作要求较高,并且需要有经验的人对结果进行判断,因此该方法还没有得到推广,加之仪器的昂贵使得其观测资料非常有限,因此人们仍然将大部分的精力放在计算方法的讨论上。

在日常的应用中,边界层高度一般根据 GPS 探空数据的温度、湿度和风速等的廓线数据计算得到。国家级探空站的常规观测一天只有在 00：00 和 12：00 UTC(世界标准时间)进行,并且一般边界层高度以下只有几个记录值,有限的垂直分辨率使得其不能准确地确定大气边界层高度以及边界层内气象要素的垂直变化特征。而且边界层的变化受不同的下垫面类型(如土壤、森林、海洋等)的影响,使得至今没有确定边界层高度的统一方法。许多研究者针对不同的情况提出了各种解决边界层问题的方法[53,72-76]。

在缺乏探空廓线资料的时候,人们开始设法寻找地面气象资料与大气边界层的关系并利用其估算大气边界层高度。1973 年 Nozaki 等在考虑了边界层上部大气运动状况的情况下,结合地面的露点温差、风速、大气稳定度以及地面粗糙度等大气参数提出了罗氏法[77]。近几十年来,随着遥感技术的飞速发展和日渐成熟,罗氏法已成为估算边界层高度的一种常用手段[30,78-81]。目前比较常用的遥感仪器有风廓线雷达、激光雷达、连续波雷达、微波辐射计和声雷达等。结合前人的研究成果,本书总结了大气边界层高度常用的观测以及计算方法,现介绍如下。

2.4.1 系留气球

系留气球与探空气球相比具有可回收功能,原理是使用缆绳将 GPS 探空气球固定在地面的动力装置上,使其可以实现自我升降,其升空高度一般在 2 km 以下,可以应用于大气边界层底部的探测。系留气球作为低空探测设备,能比较直观地长期或者短期观测包括温度、湿度、气压、风向、风速等参数在内的边界层的气象状况。该系统是由地面和高空两部分组成。地面部分由绞车、接收机以及数据处理系统等组成。高空部分包括探空包和气艇等。该系统的最大特点是可以实时采集并存储各个气象参数的数值据,易操作、可移动、可野外重复使用和作业。比较先进的系留气球还可以结合空基雷达进行区域的大气探测。

2.4.2 气象塔

气象塔是为了对大气边界层气象要素垂直分布进行观测而建设的铁塔。随着大气边界层研究的不断发展,装有各种气象观测仪器的专用气象塔被陆续建造,铁塔高度从初期的 100 m 左右逐步发展到后来的 400 m 以上。如果结合电视塔、电信塔等进行观测,则其高度可以更高。中国第一座 320 m 的专用气象塔于 1979 年建设于北京北郊现中国科学院大气物理研究所附近。为了长期的组网探测和风力资源普查,近年来,我国又陆续建造了一系列的气象塔。结合大气边界层的相似性理论,气象塔上仪器的分布一般采用对数等间距分布,呈现下部密、上部疏的特点,但也可以根据自身的需要和可行性决定。气象塔上仪器一般可以分为两类:一类为测量温度、湿度和风速平均值的廓线观测仪器;另一类是大气湍流的测量仪器,通过连续测量温度和风速的瞬时值来计算大气的能量和水汽通量,如涡动相关仪器,这些仪器要求观测的时间间隔小(涡动相关仪器的观测时间一般为 0.1 s)、观测精度高。随着科学技术的发展,另一种有效的探测手段是在气象塔上架设雷达进行观测。为了避免塔身对观测大气的影响,所架设仪器应尽量远离塔身而装在离塔较远的伸杆上,为了使观测结果更加可靠,最好的方法是在铁塔上同时安装不同观测角度的两套仪器,选用读数时要结合当时的风向,选取没有或受铁塔影响较小的一套仪器的观测结果。另外,各个高度上的仪器性能必须相同,且需经常进行对比试验以确保仪器的一致性、可靠性和可比性。结合计算机存储以及远程通信设备,可以实现观测资料的自动储存和远程传输。气象塔观测有其自身的优势,同时还存在以下几个缺点:

(1)气象塔造价昂贵,很难实现组网探测,使得所观测的数据密度较低,不能满足有些边界层研究中对数据密度的要求。

(2)气象塔安装的位置比较固定,使得其观测数据的代表性比较固定。不

同的气象塔在研究不同对象时选址规律也不同,因此在进行边界层大范围研究
选取资料时,必须对铁塔的下垫面情况进行筛选,选取合适的资料进行研究。

（3）气象塔上仪器所观测的数据往往会受到铁塔本身对气流和温度的影
响,这会造成观测到的数据存在一定偏差,可行的解决办法是多角度地架设多套
仪器进行观测,但这会造成研究成本的增加。

2.4.3　风速极值法

风速极值法是结合大气边界层风速随高度的变化规律,利用风速和风向的
垂直变化来获取边界层高度的方法。研究中一般将平均风向和地转风的方向第
一次相同时的高度规定为大气边界层的高度,其计算公式如下:

$$Z_m = \pi\delta = \sqrt{\frac{2K}{f}} \tag{2-2}$$

在中纬地区一般取 $f = 10^{-4}\,s^{-1}$。当取 $K = 100\;m^2/s$ 时,边界层的高度大
于 1 000 m,这和白天大气边界层的尺度一致;当取 $K = 10\;m^2/s$ 时,边界层的高
度小于 500 m,这和夜间大气边界层的尺度相近。但这一方法在推导过程中受
许多假设条件的限制,如要求定常、水平均匀、大气为正压、K 为常值等。这些
限制条件与实际大气有较大的差别,因此使该方法不能得到广泛的应用。

2.4.4　风、温、湿廓线法

该方法从大气的热力学因素出发,考虑了不同情况下大气边界内的位温以
及湿度廓线在大气边界层内的分布特征,从而确定针对不同大气边界层结构的
大气边界层高度的求解方法:通常可以将边界层内大气的温度递减率变为自由
大气温度递减率的高度作为大气边界层高度;如果大气边界层的位温廓线存在
跃变或为折线型的廓线,则将大气温度梯度出现骤变的高度作为边界层高度;此
外还可以将位温廓线中位温的日变化非常小或者接近消失的高度作为边界层的
最大高度。在风、温、湿廓线法中,理查森数法是定量求解大气边界层高度最主
要的方法。该方法利用无线电探空观测大气的温度、气压、相对湿度和风速廓
线,利用这些数据计算各层的总体理查森数,最后根据理查森数得到边界层高
度。总体理查森数可以表示为:

$$R_{ib}(z) = \frac{g(z - z_0)[\theta_z - \theta_0]}{\theta_z[u_z^2 + v_z^2]} \tag{2-3}$$

式中:θ_z 表示不同海拔高度的位温;g 为重力加速度;z 为海拔高度;z_0 为地表海
拔高度;u_z 和 v_z 为不同海拔高度的速度分量。

计算出总体理查森数 R_{ib} 之后,与临界总体理查森数 R_{ibc} 比较,其中 $R_{ib} > R_{ibc}$

时的高度为自由大气,因此可以将 $R_{ib} = R_{ibc}$ 时的高度作为边界层高度。

2.4.5　实用标准法

我国的实用标准法是从 Ekman 层厚度的定义出发,使用地表的湍流交换系数来确定边界层厚度的。实用标准法具有易操作、方法简单、数据容易获取等优势。该方法所需资料包括 10 m 高处的风速以及云量,这些都是容易获取的常规观测资料,但该方法的一些经验常数是由我国 11 个城市的常规探空数据计算所得,其结果还有待进一步验证,如果在没有探空资料的地方使用该方法,其精度无法判断。

2.4.6　罗氏法

罗氏法是一种基于地面气象常规观测资料估算混合层厚度的方法。该方法不仅考虑了热力和机械湍流对大气混合层的共同作用,还考虑了边界层上部大气运动状况与地面气象参数间的相互关系。利用地面气象参数估算混合层厚度方法最大的优点是不需要高空观测资料,利用常规的气象资料即可进行计算,因此该方法在探空资料缺乏的地区具有很高的应用价值,在国内被广泛应用。但是该方法具有较强的经验性,如果想提高该方法的准确性,必须根据应用地区对其进行模型修订。

2.4.7　湍流能量法

湍流能量法是从湍能平衡的观点出发,将大气边界层中湍流能量消失或者很低的高度作为边界层高度。该方法分别利用地转风速和位温梯度来表示动力因子和热力因子对大气边界层高度的影响,因此其理论基础较为完善。但是在公式推导过程中引入了许多简化条件,这对该公式的适用性造成了一定的影响。而且该方法需要连续的边界层湍流能量的观测作为数据输入。而湍流通量的观测一般很难实现,气象模式中一般都有湍流能量的估算,因此该方法在大气模式中的应用较多,而实际应用相对较少。

2.4.8　声波遥感

声波遥感的原理是利用声波在空气作用下产生折射、散射、吸收和衰减的物理特性来反演大气的气象要素特征的一种大气探测方法。由于声波属于机械波且频率较低,大气气象要素的扰动所引起的声波的散射、吸收和衰减程度都比电磁波要强,因此利用声波来探测大气具有更高的灵敏度和精度;另外,由于声波是机械波,其在大气中传播时能量消耗较大,从而导致其探测的最大高度有限,因此声波遥感只能应用于底层大气边界层的探测。根据声波遥感的不同方法可使其应用在以下 3 个方面：

(1) 利用单点声雷达探测大气层温度廓线。

(2) 利用多普勒声雷达观测大气层的风速分布。

(3) 利用声波雷达组网观测确定大气层温度场和风场的分布。

2.4.9　激光雷达

激光雷达是雷达技术与激光技术相结合的产物。由于激光具有单色性好、相干性强、抗干扰能力强、能量高度集中，以及对空气中的水汽和气溶胶具有很强的吸收性和散射性的特点，因此激光技术被广泛应用于大气气溶胶、空气污染物、大气成分以及云的研究中。激光雷达集合了遥感和激光两者的优点，因此可以实现对大气边界层大范围以及高时空的探测。

激光雷达的工作原理主要为：污染物和水汽从近地层进入大气，大气边界层内污染物浓度和水汽密度增大，远远高于自由大气层内的污染物浓度和水汽密度。大气边界层与自由大气层的气溶胶或气体分子的浓度差异导致在边界层顶激光探测信号存在快速衰减的特征。米散射激光雷达回波廓线强度对应于相应高度大气气溶胶浓度的大小，这样，大气边界层到自由大气层之间大气气溶胶的浓度就会发生变化，这个梯度变化的最大值对应的高度就是大气边界层的高度。以激光雷达所观测到的回波信号为经大气中微粒以及大气分子后向散射的那部分雷达发射能量，因此，雷达接收到的能量可以表示为：

$$RS(\lambda,\gamma) = \frac{C}{r^2} E_0 [\beta_m(\lambda,\gamma) + \beta_p(\lambda,\gamma)] T^2(\lambda,\gamma) + RS_0 \qquad (2-4)$$

式中：$\beta_p(\lambda,\gamma)$ 和 $\beta_m(\lambda,\gamma)$ 分别为固体微粒以及大气分子的后向散射系数；C 为雷达的系统常数；E_0 为雷达发射的初始能量；T^2 表示大气的传播系数；γ 表示目标物体与雷达之间的距离；λ 为雷达发射波长；RS_0 为背景信号。经过距离平方校正的雷达接收信号为：

$$RSCS = (RS - RS_0)\gamma^2$$

对 $RSCS$ 求关于海拔高度 z 的二阶偏导 $\partial^2 RSCS / \partial z^2$，其中 $\partial^2 RSCS / \partial z^2$ 达到最小值的高度为大气边界层高度。大量的试验都验证了激光雷达探测边界层高度的可行性[82-84]。

2.4.10　风廓线雷达

边界层风廓线雷达可以通过连续观测提供从近地层到高空约 3 km 高度处的实时三维风速的廓线图，可以充分地展示近地层的风场结构和变化规律，其探测范围取决于大气的散射状况和雷达的辐射功率。将风廓线雷达与无线电声波测温系统(RASS)相结合可实现对大气温度的实时探测,其基本原理是声波在空气中的传播速度与空气温度有关。但声波在大气中的衰减比较明显,因此该观测系统的最大探测高度非常有限。如 VAISALA 生产的 LAP3000 边界层风廓线雷达的探测范围在 120～4 000 m 之间,而其配备的 RASS 最大探测高度则为 1 200 m。风廓线雷达的工作原理用公式可以表示如下。

风廓线雷达接收的回波功率 $P_r(r)$ 由微波雷达方程得出:

$$P_r(r) = P_t \frac{\eta \, G^2 \, \lambda^2 \, \theta^2 h}{1024 \pi^2 \ln(2r^2)} \tag{2-5}$$

式中:P_t 是发射峰值功率;η 是雷达反射率;G 是天线增益;λ 是发射波长;θ 是波速宽度;h 是脉冲宽度(通常是雷达分辨率的 2 倍);r 是距离。雷达反射率 η 与折射率指数结构常数 C_n^2 成正比:

$$\eta = 0.38 C_n^2 \lambda^{-1/3} \tag{2-6}$$

其中:

$$C_n^2 = \frac{\langle [n(r+\delta) - n(r)]^2 \rangle}{|\delta|^{2/3}} \tag{2-7}$$

式中:$\langle \ \rangle$ 表示空间的平移,是空间的位移($=\lambda/2$,布拉格散射);n 是折射率指数,它与气压 p(kPa)、温度 T(K)和水汽混合比 q(g/kg)有下列关系:

$$n = 1 + \left[\frac{776p}{T} \left(1 + \frac{7.73q}{T}\right) \right] \times 10^{-6} \tag{2-8}$$

联合上述公式可以看出,相对湿度梯度的增大会导致 C_n^2 的增大。所以回波廓线上峰值对应的高度可认为是大气边界层的高度。

2.4.11 连续波雷达

连续波雷达是指发射连续波信号的雷达。信号按其频率特点,可以分为单一频率信号、多频率信号、随时间变化的频率信号。连续波雷达通过对一定距离范围内的目标发射信号从而达到测速的目的,因此,连续波雷达可以用来观测活动目标。而一般脉冲雷达的距离分辨力受到其所发射脉冲宽度的影响,分辨距离一般在 15 m 以下,使其探测的距离受到限制,难以用来探测大气边界层。20 世纪下半叶后,研制成功的调频连续波雷达成功地解决了以上问题,调频连续波雷达具有极高的灵敏度和距离分辨力,使其可以观测折射率极不均匀的大气所产生的回波,因此可以用来研究大气边界层中的逆温层、波动、对流等天气现象以及观测大气中风和湍流等的空间分布。

2.4.12　微波辐射计

微波辐射计是用来进行大气观察的被动遥感仪器,通过发射微波来观测大气状况和描述大气层内云层以及降水的特征。微波辐射计的优点是操作方便、可以对目标进行连续观测、时间分辨率高等。利用这些优点可以很轻松地实现对温度、湿度、云等大气主要参数的垂直廓线的连续观测和反演,同时在其他常规气象观测不足的情况下,微波辐射计所观测的资料可以作为补充。微波辐射计可以全天候、全天时地观测大气的热力特征,这些可以成为危险天气条件下的大气热力结构数据基础[85]。随着微波辐射计应用的不断扩展和深入,微波辐射计探测资料的可靠性也正在被大量的研究者进行着验证[86-90]。杜荣强等[88]利用 GPS 探空数据对微波辐射计所观测的温度廓线进行了对比,结果显示,两者的变化趋势较为一致,整个大气层的温度平均偏差都在 1 K 以下,相对而言,2 km 以下大气层的验证结果较 2 km 以上大气层的验证结果要好。刘建忠等[90]在连续比较了 20 个月的微波辐射计与 GPS 探空数据的反演结果后发现,微波辐射计反演出的温度与探空数据一致,R^2 在所有尺度上均达到 94% 以上,两者的温度均方根误差在 5 ℃ 以内,而其底部大气层的验证结果相对较好,1 500 m 以下的大气层温度偏差在 2 ℃ 以下。这些工作为微波辐射计的后续应用提供了数据参考和试验基础,目前,利用微波辐射计估算大气边界层高度已经越来越普遍[81,91]。

2.5　常用的模式计算方法

一般的大气边界层高度估算模式都是基于 M-O 长度以及相似性理论在能量平衡的基础上建立起来的。本书选取了大气边界层学科中常用的 HPDM 模式、AMS 模式、PPSP 模式,以及《制定地方大气污染物排放标准的技术方法》(GB/T 3840-1991)中的方法,并对其作了简要介绍。

2.5.1　HPDM 模式

(1)根据 M-O 长度和 U/W^* 的比值,可以把大气边界层分为稳定、中性和不稳定三种类型。

(2)根据地面能量平衡方程:

$$Q = Q_H + Q_E + Q_G \tag{2-9}$$

在白天,Q_H 可以由下式得出:

$$Q_H = \left[\frac{(1-a)+S}{1+S}\right] Q(1-b) - \alpha\beta \tag{2-10}$$

式中:Q 为地表进辐射,利用 Holtslag[92] 提出的参数化方案进行估算;Q_E 为潜热通量;Q_H 为感热通量;Q_G 为土壤热通量;α 为湿度变化参数,可以根据地面的潮湿程度进行估算;$S = c_p \big/ \left(L_e \dfrac{\mathrm{d}q_s}{\mathrm{d}T} \right)$,其中,$L_e$ 为水汽潜热;b 为常数,根据地表类型确定;$\beta = 20\ \mathrm{W/m^2}$,为常数。

在夜间,Q_H 则采用下式计算:

$$Q_H = -\rho c_p U_* \theta_* \tag{2-11}$$

(3) 摩擦速度 U_* 的确定。

在中性条件下,U_* 可以通过下式得到:

$$U_* = 0.4U / \ln[(z-d)/Z_0] \tag{2-12}$$

式中:z 为参考高度,在一般的研究中取值为 10 m;U 是参考高度上的风速;Z_0 是地表几何粗糙度;d 是地表抬升高度。

在稳定条件下,采用 Weil 推荐的公式[93]:

$$U_* = \frac{0.2U}{\ln[(z-d)/Z_0]} \left[1 + \left(1 - 4\left\{ \frac{4.7gz\theta_* \ln[(z-d)/Z_0]}{0.4TU^2} \right\} \right)^{1/2} \right] \tag{2-13}$$

在不稳定条件下,采用汪小钦等[94] 推荐的公式:

$$U_* = \frac{0.4U}{\ln[(z-d)/Z_0]} [1 + d_1 \ln(1 + d_2 d_3)] \tag{2-14}$$

其中,d_1,d_2,d_3 是对稳定度的修正函数:

$$d_1 = \begin{cases} 0.128 + 0.005\ln[Z_0/(z-d)] & Z_0/(z-d) \leqslant 0.01 \\ 0.107 & Z_0/(z-d) > 0.01 \end{cases}$$

$$d_2 = 1.95 + 32.6 \left(\frac{Z_0}{z-d} \right)^{0.45}$$

$$d_3 = \frac{Q_H}{\rho c_p} \frac{0.4g(z-d)}{T} \{\ln[(z-d)Z_0]/(0.4U)\}^3$$

(4) 摩擦温度 θ_* 的确定。

在不稳定条件下:

$$\theta_* = -\frac{Q_H}{\rho c_p U_*} \tag{2-15}$$

在稳定条件下,取下面两式计算值中的最小值:

$$\begin{cases} \theta_{*1} = 0.09(1 - 0.5N^2) \\ \theta_{*2} = 0.4TU^2 / [18.8gz\ln(z-d)/Z_0] \end{cases} \tag{2-16}$$

式中:N 为总云量。

(5) M-O 长度 L 可以由下式确定:

$$L = -\frac{U_*^3 T\rho c_p}{0.4gQ_H} \tag{2-17}$$

（6）对流速度尺度 W^* 的确定：

$$W^* = \begin{cases} \left(\dfrac{gQ_H Z_i}{\alpha c_p T}\right)^{1/3} & (Q_H > 0) \\ 0 & (Q_H \leqslant 0) \end{cases} \tag{2-18}$$

（7）混合层高度 Z_i 的确定。

在稳定条件下，按 Nieuwstudd 模式[95]计算：

$$Z_i = \frac{L}{3.8}\left[1 + \left(1 + 2.28\frac{U_*}{fL}\right)^{1/2}\right] \tag{2-19}$$

在中性条件下，可以利用 Tennecks 提出的方案[96]进行计算：

$$Z_i = 0.3U_*/f \tag{2-20}$$

在不稳定条件下，利用 Weil 和 Brower[97]提出的算法进行计算：

$$Z_i\theta_s(Z_i) - \int_0^{z_t}\theta_s \mathrm{d}z = (1+2\gamma)\int_0^t \frac{Q_H(\tau)}{\alpha c_p}\mathrm{d}\tau \tag{2-21}$$

式中：$\theta_s(Z_i)$ 是位温廓线；γ 是边界层顶与地面感热通量之比，取值为 0.2。

式(2-21)左端设 $\lambda = \dfrac{\partial \theta_s}{\partial z}$ 为常数，则有：

$$\theta_s(Z) = \theta_s(Z_i) - \lambda(Z_i - Z) \tag{2-22}$$

将式(2-22)代入式(2-21)左端，并设右端为 QT，则可导出：

$$Z_i^2 = \frac{Z}{\lambda}QT \tag{2-23}$$

2.5.2　AMS 模式

（1）根据地表的感热通量数值以及风速的大小将大气边界分为稳定、不稳定和近中性三种状态。

以下两种情况也应规定为中性条件：第一种是在不稳定条件下，如果 $U > W^*$；第二种是在稳定条件下，如果 $L > 500$ m。

（2）地面感热通量 Q_H 的计算。

Q_H 根据长短波通量计算：

$$Q_H = \eta R + H_L \tag{2-24}$$

式中：H_L 为地表的长波辐射损失；R 为太阳入射辐射；η 为常数，取决于地表类型。

（3）摩擦速度 U^* 的确定。

$$U_* = 0.4U/\left[\ln\frac{z}{Z_0} - \varphi\left(\frac{z}{L}\right)\right] \tag{2-25}$$

$$\varphi\left(\frac{z}{L}\right) = \begin{cases} \dfrac{4.7z}{L} & \text{稳定} \\ 0 & \text{中性} \qquad (2\text{-}26) \\ 2\ln\left(\dfrac{1+q}{2}\right) + \ln\left(\dfrac{1+q^2}{2}\right) - 2\tan^{-1}q + \dfrac{\pi}{2} & \text{不稳定} \end{cases}$$

$$q = (1 - 15z/L)^{1/4} \qquad (2\text{-}27)$$

在稳定和不稳定条件下,由于公式中含有 L,因此需用利用迭代法进行求解。

(4) M-O 长度 L 的计算。

在稳定条件下,M-O 长度按 Venkatram 给出的参数化方案 $L = 1\,100U^2$ 计算[98];其他大气条件下,则采用 HDP 模式中 L 的计算方法。

(5) 大气边界层混合层高度 Z_i 的确定。

大气对流条件下采用 Deardorff 的方法进行计算:

$$\frac{\partial Z_i}{\partial t} = \frac{1.8(W_*^3 + 1.1U_*^3 - 3.3U_*^2 fZ_i)}{\dfrac{gZ_i^2}{\theta_{zs}}\left(\dfrac{\partial\theta}{\partial z}\right)_{Z_i} + 9W_*^2 + 7.2U_*^2} \qquad (2\text{-}28)$$

式中:$\left(\dfrac{\partial\theta}{\partial z}\right)_{Z_i}$ 是 Z_i 高度以上的大气位温梯度,一般取常数 0.005;θ_{zs} 是近地层的位温,可以通过地表的面位温进行确定。

(6) 模式中 θ^*、W^* 等参数的计算方法和 HPDM 模式中的计算方法一致。

2.5.3 PPSP 模式

(1) 白天的大气稳定度可以利用 U/W^* 的比值来确定,夜间的大气稳定度则利用 Turner 的大气稳定度分类法[99]把大气层结分为 A~F 6 个级别。

(2) 地面感热通量一般定为 0.4 倍的太阳短波辐射:

$$H = 0.4R$$

(3) 摩擦速度 U^* 的确定方法和 AMS 模式的参数化方案一致。

(4) 模式中 θ^*、W^*、L 和 Z_i 的确定方法和 HPDM 模式的参数化方案相同。

2.5.4 国标法

(1) 大气稳定度按照 P-G-T 体系,把边界层分为 A~F 6 类。

(2) 大气边界层混合层高度 Z_i 的确定。

在大气稳定时:$Z_i = A_s\sqrt{U/f}$;而在中性及不稳定时:$Z_i = B_sU/f$。其中,当 $U > 6.0$ m/s 时,取 6.0 m/s;A_s、B_s 为混合层系数,与研究区所处的地理位置以及大气稳定度有关。

2.6　小结

　　本章主要介绍了大气边界层学科的国内外进展以及发展趋势,大气边界层学科一些常见的概念,大气边界层的分类和常用的大气边界层高度观测和计算方法,最后还介绍了大气边界层学科中常用到的几种模式。书中介绍的方法在不同的时空条件下都有其各自的实用性以及局限性。无线电探空数据精度高、方法可信度最高,然而一般的国家级探空站一天只施放两次探空气球,并且在500 hPa 以下只有几个规定层的数据记录[100]。此外探空气球在上升过程中会由于高空的大风而偏离原先的施放地点,很大的概率会偏离站点达到上百千米;土地类型也是影响边界层高度的一个重要因素,尤其是在内陆地区土地利用类型复杂多变,使得探空数据的空间代表性大大减弱[101]。地基雷达等遥感手段可以连续探测边界层的时间变化,但是昂贵的费用以及有限的观测参数在很大程度上还不能满足边界层观测的要求。经典的边界层湍流交换模型需要很多其他参数的输入,例如高空风速,这些很难通过遥感的手段获得。尽管边界层高度的空间变化非常重要,现行的方法还是很难获得时空连续的边界层高度。

　　随着遥感技术的不断发展,目前已积累了大量遥感大气温、湿廓线产品。作者在前期的研究中发现 MOD07 大气廓线数据水平分辨率较高(5 km),但其受云的影响较大,存在非晴天条件下数据缺失较多且垂直分辨率较低的问题[102-103];AIRS 大气廓线产品的垂直分辨率(0.1～1 100 hPa 之间的 100 个大气)和时间分辨率(1～2 次/d)比较理想,但水平分辨率较低(45 km 左右),该数据反演算法成熟、精度高、无数据缺失,已被广大学者应用于诸多气象研究工作中[104-107]。美国国家航空航天局(NASA)制作并发布的全球再分析数据MERRA-2[108]包含了大气边界层高度在内的全球大部分常见的气象要素,由于其拥有与 AIRS 数据集接近的空间分辨率,加之最高 1 h 的时间分辨率和较高的数据可信度,是区域乃至全球大气边界层高度研究的可靠验证数据源。

　　因此,下文将着重介绍基于遥感水汽廓线数据的时空连续的大气边界层高度估算方法,以缓解大气边界层高度数据在这些方面的不足。

第 3 章　研究区域概况与数据预处理

3.1　研究区介绍

本书选取了典型的西北内陆河黑河流域作为研究区。黑河流域位于河西走廊中部,北纬 37.72°～42.7°和东经 97.4°～102°之间[109]。黑河流域气候干燥、降水稀少且生态脆弱,属中国第二大内陆河流域。黑河流域全长约 821 km,面积约 13 万 km²。流域上游涵盖了莺落峡以上的部分,河道长 303 km,面积为 104 km²,两岸多高山和深谷,河床地势陡峭,气候阴冷,植被覆盖度高,年平均气温在 2 ℃以下,年降水量约为 350 mm,属黑河流域的主要产流区。流域中游自莺落峡到正义峡,河道长 185 km,面积约 266 km²。两岸地势平缓,人工绿洲面积较大,但由于年降水量较少(140 mm),蒸发能力较强(1 410 mm),导致干旱频繁发生,部分地区甚至出现土地盐碱化现象。流域下游包括正义峡以下部分,河道长 333 km,面积约 836 km²,属极端干旱区,大部分地区为沙漠戈壁(河流沿岸和居延三角洲除外),风沙危害十分严重,为中国北方沙尘暴的主要来源区之一,年降水量不足 50 mm,年平均气温 8～10 ℃,极端最低和最高气温分别在 −30 ℃以下和 40 ℃以上,年蒸发能力高达 2 250 mm,日照时数约 3 446 h,气候异常干热。流域内包含了戈壁荒漠带、平原绿洲带、高山冰雪带和森林草原带等不同的景观类型,是一个体现水文、土壤、生态、大气和人类活动相互作用的典型区域,是我国大型遥感和航空试验的摇篮。

黑河流域之所以成为理想的研究区是因为该地区经济相对落后,流域内大型城市相对较少,人类活动以及城市热岛等影响相对有限。由于黑河流域特殊的地理环境以及极为缺水的状况,自 20 世纪 80 年代末以来,陆续开展了众多国内外的水文、生态以及陆面过程试验,如:HEIFE[110-111]、AECMP95[112]、DHEX[113]、WATER project[114] 和 Hi-WATER 试验[115],获得了许多研究成果,积累了丰富的气象、水文以及野外通量观测资料,为在黑河开展新的相关研究奠定了基础。在这些试验中,五星、高崖、阿柔以及扁都口都进行了 GPS 大气探空观测。此外,黑河流域内设有张掖、酒泉、额济纳旗三个国家级高空气象站。这些都为研究黑河流域的大气边界结构提供了数据基础。

3.2　站点介绍

3.2.1　探空施放站点

阿柔探空施放站点位于黑河上游支流八宝河南侧的河谷高地上,试验场周围地势相对平坦开阔,自东南向西北略有倾斜下降,观测点的经纬度为 100°27′52.9″E、38°02′39.8″N,海拔高度为 3 032.8 m。

扁都口探空施放站点位于黑河上游,地势自东南向西北略有倾斜下降,地表覆盖为高山草地,观测点的经纬度为 100°59′54″E、N38°32′53.4″N,海拔高度为 2 712 m。

五星探空施放站点位于黑河中游大满超级站附近,试验场是一个绿洲农田观测站,周围平坦开阔,观测点的经纬度为 100°21′48.8″N、38°51′11.9″E,海拔高度为1 563 m。

高崖探空施放站点位于黑河中游高崖水文站附近,观测点的经纬度为 100°23′59.0″E、39°8′7.2″N,海拔高度为 1 418 m。

五星和阿柔探空施放站点如图 3-1 所示。

图 3-1　五星和阿柔探空施放站点

以上四个站点的 GPS 探空数据主要来自 2008 年的 WATER 以及 2012 年的 HIWATER 联合试验期间的加密探空观测,数据包括风、温、湿、压等要素的大气廓线数据,采样频率为 2 次/s,观测高度为 10 000~30 000 m[116]。将观测时间与卫星过境时刻相近的 13 组数据经过预处理计算出可靠的边界层高度,以此作为遥感边界层高度方法的验证数据。

　　张掖、酒泉以及额济纳旗是国家级高空气象站,张掖站(图 3-2)位于黑河中游绿洲区域,酒泉站位于黑河流域中西部地区,额济纳旗站位于黑河下游的额济纳三角洲。这三个站可以提供 2 次/d 的常规探空数据,数据主要包括规定层的温度、露点温度以及高空风速数据。这些数据可以用来验证 MODIS MOD07 和ARIS 大气廓线数据的精度。

图 3-2　张掖国家级高空气象站

3.2.2　黑河流域通量和气象站点

3.2.2.1　大满通量和气象站

　　大满通量和气象站位于黑河中游甘肃省张掖市大满灌区农田内,经纬度是100.3722 3E、38.855 51N,海拔高度为 1 556.06 m;观测时间范围为 2012 年 6 月至今,但是本项目目前收集的数据时间段为 2012 年 6 月至 2013 年 12 月。站点周围平坦开阔,下垫面是玉米地。观测仪器包括上下两层涡动相关仪与自动气象站,观测内容包括降水量、气压以及四分量辐射[向下(上)长(短)波辐射]、地表辐射温度、光合有效辐射(PAR)、土壤热通量(0.02 m),7 层空气温度、7 层空气相对湿度、7 层风速与风向(3 m、5 m、10 m、15 m、20 m、30 m、40 m),8 层土壤温度与湿度(2 cm、4 cm、10 cm、20 cm、40 cm、80 cm、120 cm、160 cm)等观测。两层涡动相关仪包括超声风速仪(CSAT3,Campbell)、H_2O/CO_2 红外分析仪（Licor-7500，LI-COR）等。

3.2.2.2　湿地通量和气象站

湿地通量和气象站位于黑河中游甘肃省张掖市国家湿地公园内，经纬度是 100.446 4E、38.975 1N，海拔高度为 1 460 m；观测时间范围为 2012 年 6 月至今，但是本项目目前收集的数据时间段为 2012 年 6 月至 2013 年 12 月。站点周围平坦开阔，下垫面是湿地。观测仪器与观测内容与大满通量和气象站的相同。

3.2.2.3　花寨子通量和气象站

花寨子通量和气象站位于黑河中游甘肃省张掖市花寨子，经纬度是 100.318 60E、38.765 19N，海拔高度为 1 731.00 m；观测时间范围为 2008 年 6 月至今，但是本项目目前收集的数据时间段为 2012 年 10 月至 2013 年 12 月。站点下垫面是山前荒漠。观测仪器包括涡动相关仪与自动气象站，观测内容包括地表辐射温度（IRT_1、IRT_2）、土壤热通量（Gs_1、Gs_2、Gs_3）、土壤水分（Ms_4 cm、Ms_20 cm、Ms_100 cm）和土壤温度（Ts_0 cm、Ts_2 cm、Ts_4 cm、Ts_20 cm、Ts_60 cm、Ts_100 cm）。风速传感器架设高度为 0.48 m、0.98 m、1.99 m、2.99 m，共 4 层，朝向北侧；风向传感器架设在 4 m 高处；空气温度、相对湿度传感器分别架设在 1 m、1.99 m、2.99 m，共 3 层，朝向北偏东侧；四分量辐射仪安装高度为 2.5 m，朝向正南；气压传感器放置于防水箱内；翻斗式雨量计安装高度为 0.7 m。涡动相关仪包括超声风速仪（CSAT 3，Campbell）、H_2O/CO_2 红外分析仪（Licor-7500，LI-COR）等。

本书研究中黑河流域各试验站点所用到的加密 GPS 探空数据由国家自然科学基金委员会"中国西部环境与生态科学数据中心"通过国家自然科学基金委员会重大研究计划生态水文过程集成研究"干旱区陆表蒸散遥感估算的参数化方法研究"（91025007）项目共享得到。国家级高级气象站的数据来源于国家科学数据中心。

3.3　探空数据预处理

首先，通过黑河国家重点基金项目获取 2008 年和 2012 年间的黑河联合试验的 GPS 探空数据，结合 MODIS 卫星过境时刻选取 GPS 探空气球施放时间与卫星过境时刻接近的数据。通过绘制每次探空数据的位温廓线判断大气稳定度。在不稳定条件下利用理查森数法确定边界层高度，见式（2-2）。计算出总体理查森数 R_{ib} 之后与临界总体理查森数 R_{ibc} 比较，其中 $R_{ib} > R_{ibc}$ 的高度以上的大气为自由大气，因此可以将 $R_{ib} = R_{ibc}$ 时的高度作为边界层高度[117-118]。在稳定条件下利用该方法提取边界层高度会造成很大的不确定性[119-120]。因此我们结合

了一些其他的主观判断方法来确定边界层高度[121-122]:

(1) 将位温等于地面位温的高度作为边界层高度;

(2) 将位温梯度达到最大值的高度作为边界层高度;

(3) 将逆温覆盖的顶部高度作为边界层高度。

本书中不稳定条件下的 GPS 探空数据按照理查森数法确定,将理查森数 $R_{ib}=R_{ibc}$ 时的高度作为边界层高度;而稳定条件下的边界层高度则结合以上提到的三种方法主观地给予确定。

3.4 MODIS MOD07 数据及其预处理

MODIS 是搭载在分别发射于 1999 年 12 月 18 日和 2002 年 5 月 4 日的美国地球观测系统(EOS)Terra(EOS-AMl)和 Aqua(EOS-PM1)卫星上的主要传感器,同时该卫星也是美国国家宇航局(NASA)地球行星使命计划的重要组成部分。它们的主要目标是实现对太阳辐射、大气、海洋和陆地进行综合观测,获取海洋、陆地、冰雪圈和太阳动力系统等信息,进行土地利用和土地覆盖、气候季节和年际变化、自然灾害监测和地球环境变化的长期观测和研究。Terra 和 Aqua 的过境时间一般为当地时间的上午 10:30 左右和下午 1:30 左右。MODIS一共配备了 36 个光谱通道,光谱范围在 0.4~14 μm 之间。原始数据的空间分辨率分为 250 m、500 m 和 1 000 m 三种类型,卫星的扫描宽度为 2 330 km,在对地观测过程中,一般 1~2 d 即可完成对地球的全覆盖。多波段遥感数据可以同时提供反映陆地、云边界、云特性、大气中的水汽、地表温度、大气温度和云顶高度等特征信息,可以用于对陆表、生物圈、固态地球、大气和海洋进行长期全球观测。

MODIS 卫星产品按其处理程度可分为 Level-0~Level-4 共 5 个等级和 44 个 MODIS 数据产品,这些数据都可以提供给全球用户进行免费下载,并用来进行全球的变化研究。MODIS 的 44 个产品即 MOD01~MOD44(表 3-1),可以按照其研究内容的不同分为 4 个部分:辐射率和定位产品、大气产品、海洋产品以及陆地产品。

表 3-1 MODIS 产品介绍表

序号	名称	产品类型	研究内容
1	MOD01	辐射率产品	MODIS1A 数据产品
2	MOD02	辐射率产品	MODIS1B 数据产品
3	MOD03	定位产品	MODIS 数据地理定位文件

表 3-1（续）

序号	名称	产品类型	研究内容
4	MOD04	大气产品	气溶胶产品
5	MOD05	大气产品	可降水量产品
6	MOD06	大气产品	云产品
7	MOD07	大气产品	大气剖面数据产品
8	MOD08	大气产品	栅格大气产品
9	MOD09	陆地产品	表面反射产品
10	MOD10	陆地产品	雪覆盖产品
11	MOD11	陆地产品	地表温度和辐射率产品
12	MOD12	陆地产品	土地覆盖/土地覆盖变化产品
13	MOD13	陆地产品	植被指数产品
14	MOD14	陆地产品	热异常-火灾和生物量燃烧产品
15	MOD15	陆地产品	叶面积指数和光合有效辐射产品
16	MOD16	陆地产品	蒸腾作用产品
17	MOD17	陆地产品	植被产品
18	MOD18	海洋产品	标准的水面辐射产品
19	MOD19	海洋产品	色素浓度产品
20	MOD20	海洋产品	叶绿素荧光性产品
21	MOD21	海洋产品	叶绿素-色素浓度产品
22	MOD22	海洋产品	光合有效辐射产品
23	MOD23	海洋产品	悬浮物浓度产品
24	MOD24	海洋产品	有机质浓度产品
25	MOD25	海洋产品	球石浓度产品
26	MOD26	海洋产品	海洋水衰减系数产品
27	MOD27	海洋产品	海洋初级生产力产品
28	MOD28	海洋产品	海面温度产品
29	MOD29	海洋产品	海冰覆盖产品
30	MOD30	海洋产品	未定
31	MOD31	海洋产品	藻红蛋白浓度产品
32	MOD32	海洋产品	处理框架和匹配的数据库产品
33	MOD33	陆地产品	雪覆盖产品
34	MOD34	未定	未定

表 3-1(续)

序号	名称	产品类型	研究内容
35	MOD35	大气产品	云掩膜产品
36	MOD36	海洋产品	总吸收系数产品
37	MOD37	海洋产品	海洋气溶胶特性产品
38	MOD38	海洋产品	未定
39	MOD39	海洋产品	纯水势产品
40	MOD40	陆地产品	栅格的热异常产品
41	MOD41	未定	未定
42	MOD42	海洋产品	海冰覆盖产品
43	MOD43	陆地产品	表面反射,BRDF/Albedo 参数产品
44	MOD44	陆地产品	植被覆盖转换产品

本书研究中所选取的是 MODIS 的 MOD07 数据。该数据的大气温度和湿度廓线利用 MODIS 在热红外波段的 12 个探测通道(MODIS 通道 24、25、27、28、29、30、31、32、33、34、35、36),联合统计回归算法和非线性物理迭代算法就可以反演获得。MOD07 大气廓线共有 20 层(1 000 hPa、920 hPa、850 hPa、700 hPa、500 hPa、400 hPa、300 hPa、200 hPa、250 hPa、200 hPa 等),除了垂直分辨率相对较低之外,还具有高空间分辨率和高辐射测量精度的优点。

MODIS 卫星数据的主要存储格式为 HDF 格式。HDF 文件强大的机制适应了遥感影像的特点,能够有条不紊、完备地保存遥感影像的属性和空间信息数据,同时使查询和提取相关数据也很方便、容易。订购 MODIS MOD07 2008 年和 2012 年的大气温度、水汽廓线数据,利用 IDL 工具对原始数据进行数据提取、拼接、裁剪等预处理工作,生成研究区时空连续的数据集。

众所周知,遥感数据都会因为各种原因而产生数据缺失。其中一部分是由于卫星内部原因造成的,例如一些是由卫星自身轨道所造成的;还有一部分则是由于卫星上的仪器故障所造成的;另外一部分则是外部原因造成的,例如天气以及云对卫星数据的影响[81,123]。针对这些情况,近些年不同的研究者提出了各自的解决办法。在黑河流域,相比其他的因素,云的影响是造成数据缺失的首要因素。为了获得时空连续的研究数据集,基于三维的时空数据插补方法被引入,该方法由空间上的插补以及时间上的插补两个部分组成。

首先对流域内经过预处理的数据进行判断,当总云量小于一定数量(本书定义为流域面积的 30%)时可以认为是晴天,进而可以进行数据插补;否则,由于缺失数据过多,如果强行进行插补,则会使所获得的数据有很大的不确定性。对于晴天数据采用 5×5 像元的移动窗口进行逐景插补:如果窗口内有效值数量超过 50%,则对窗口内无效值的像元采取反距离插值法进行插补;如果窗口内的有效值数量少于 50%,则扩大窗口至 10×10 像元;同样若窗口内的有效值数量大于 50% 则进行插补操作,否则继续扩大窗口,直至 15×15 像元。若窗口还没有超过 50% 数量的有效值,则采取时间序列的插补方法,即将距离数据缺失像元最近的前后日的平均值作为该缺失像元的插补值。

　　由于下载的 MODIS MOD07 数据的原始数据为大气温度以及露点温度,而边界层提取时会用到其他一些气象参数,例如实际水汽压、饱和水汽压、相对湿度、水汽混合比、位温以及虚位温等,这些参数可以由温度以及露点温度数据转换得到。转换公式来自美国国家粮食及农业组织(FAO),具体公式如下:

$$E_s = 6.112\exp(17.62t/243.12 + t) \tag{3-1}$$
$$E = 6.112\exp(17.62td/243.12 + t_d) \tag{3-2}$$
$$h_r = E/E_s \tag{3-3}$$
$$q = 0.622E/(p - 0.278E) \tag{3-4}$$
$$\theta = T(p_0/p)^{0.268} \tag{3-5}$$
$$\theta_v = \theta(1 + 0.61q) \tag{3-6}$$

式中:E_s 为饱和水汽压;E 为实际水汽压;t 是空气温度;t_d 为露点温度;h_r 为相对湿度;q 为水汽混合比;θ 为位温;θ_v 为虚位温;p_0 为参考高度处的气压;p 为计算点高度处的气压。

3.5　AIRS 数据及其预处理

　　AIRS 采用先进的红外遥感技术,反演得到更高空间分辨率和精度的大气温、湿廓线。AIRS 具有较高的光谱分辨率,共有 2 382 个波段,星下点的空间分辨率为 13.5 km,可以对从地表到 40 km 高度的大气进行温度、水汽等方面的垂直探测[124]。从 2002 年 9 月开始提供数据以来,AIRS 所提供的大气温度和湿度数据已经被国内外研究者广泛地应用,这种利用遥感手段对大气的垂直结构进行研究已经成为大气垂直探测的主流。通过将 AIRS 大气廓线数据与飞机定点观测的数据进行比较,Gettelman 等[125] 发现 AIRS 数据和实测数据较为一致,除了 150 hPa 以上,其他高度观测到的数据标准误差都在 25% 以下。同样占瑞芬和李建平利用高原地区探空站资料对高原地区的 AIRS 反演的上对流层水汽(UTWV)数据进行了比对,也发现 AIRS 反演的水汽数据与探空数据是一致的。

　　本书使用的 AIRS 大气廓线数据来自 GES DISC 网站(http://disc.gsfc.

nasa.gov)。该产品为 L2 级产品,统一以 EOS-HDF 格式存放。本书使用的是 AIRS-L2 支持产品文件中的 100 层大气的温度与湿度廓线等数据集。相比于 MODIS MOD07 大气廓线数据,AIRS 大气廓线数据更加成熟,具有无数据缺失、垂直分辨率高、估算精度准等优点。和 MODIS MOD07 数据一样,AIRS 数据的存储格式为 HDF 格式。同样利用 IDL 工具对原始数据进行数据提取、拼接、裁剪等预处理工作,可以很方便地生成研究区时空连续的数据集。由于 AIRS 数据反演时使用了大量的微波信号,所以数据的完整性较好,不受云和天气的影响。数据提取后利用 FAO 的转换公式分别提取实际水汽压、饱和水汽压、相对湿度、水汽混合比、位温以及虚位温等后续边界层高度提取时用到的参数。

3.6　MERRA 数据及其预处理

常用的再分析资料主要有美国国家环境预报中心的 NCEP[126] 系列和欧洲中期数值预报中心的 ERA[127] 系列等。全球再分析数据 MERRA 是由 NASA 下属的全球建模和同化办公室(Global Modeling and Assimilation Office)生产并且发布的全球尺度的再分析气象资料。该数据使用 1979 年以来全球的遥感数据结合大气的观测数据,经过模式运算生成全球尺度的陆地离陆地 50 km 以内的近海区域的各气象参数。与 NCEP/NCAR 等再分析气象资料相比,MERRA 拥有更高的分辨率,最高的时间分辨率可以达到 1 h,数据的水平分辨率为 2/3 经度、1/2 纬度,垂直方向上从地表至高空 0.01 hPa 共有 72 个等压面层,其垂直分辨率与 AIRS 数据的分辨率相近。由于 NASA 对数据的处理和生成要花费一定的时间,因此通常 MERRA 数据的更新时间会比实际的时间晚 1~2 个月。为了对 AIRS 数据计算的大气边界层高度进行验证,本书下载了 2012 年北京时间下午 1 时 MERRA 的大气边界层高度数据,并利用 IDL 程序进行批处理,作为 AIRS 提取边界层高度的验证数据。

3.7　小结

本章主要介绍了黑河流域概况以及探空施放站点、通量和气象站点的基本情况。随后又介绍了探空数据、MODIS MOD07 以及 AIRS 大气廓线数据的特点以及各自的处理方法,为后面章节提供了数据基础。

第 4 章　基于 MODIS MOD07 数据的大气边界层高度提取方法

4.1　前言

　　传统计算边界层高度的方法一般是基于点上的气象或者地基雷达观测数据,代价昂贵且不能进行大范围连续观测,引入 MODIS MOD07 大气廓线产品一方面可以解决资料不足的缺点,另一方面可以对边界层高度进行大范围、长时间序列的观测和计算。以往的遥感蒸散发模型中用到的边界层高度都是固化的,如 ETWatch 模型中计算流域蒸散发时选取的边界层数据统一为 850 hPa 等压面。这样所求出的地气温差等参数有很大的不确定性,为模型精度的提高设置了瓶颈。引入边界层计算方法,计算边界层高度以及边界层高度上的大气温度、湿度、气压等参数,结合地面的气象参数,计算遥感蒸散发模型中的关键参数,能够降低蒸散发模型对地面热力特性的敏感性,提高模型的精度。

　　此外在遥感应用中,近地层空气温度这一数据往往是使用气象站点的记录插值得到的,并在空间上与遥感地温图像相匹配,它们在观测时间上并不同步,更重要的是,空气温度是与陆面下垫面性质密切相关的。张仁华等[21]的工作认为,考虑下垫面反馈的气象要素插值能够有效改善气温、风速等非遥感因子的空间扩展精度。Anderson 等[22]则认为,空气温度与陆面的植被覆盖和土壤湿度关系甚为密切,他们使用了土壤-植被-大气传输模型。Nroman 等[23]模拟了不同植被覆盖和土壤湿度条件下的空气温度日变化过程,说明了异质的陆面可造成近地面(2 m)空气温度高达几摄氏度的差异,从而显著影响通量估算的结果。Norman 的试验结果表明,在 1 m 高的冠层和 5 m/s 的风速条件下,地气温差中 1 ℃的误差会造成通量计算中 40 W/m² 的偏差。而 MOD07 数据由 MODIS 数据反演得到,地表能量平衡系统(SEBS)模型所使用的遥感数据大部分也来自 MODIS 数据,所以使用 MOD07 数据反演的边界层参数能够与遥感反演的地表参数在时间上相互匹配,数据来源也具有一致性。

4.2 大气边界层反演高度模型

晴天条件下,由于夹卷层内的湍流涡旋的作用,使得充满水汽和气溶胶的边界层内部的气团和相对干净的自由大气相互混合。这种夹卷层内相对干净的自由大气和边界层内充满水汽和气溶胶气体的混合作用,阻止了边界层内的水汽以及气溶胶向自由大气的扩散。因此在边界层顶部大气中的水汽和气溶胶含量会有一个骤变,根据这个规律,很多研究人员提出了多种求解边界层高度的方法[128]。

本书通过 MODIS 大气廓线数据提取边界层内的位温、水汽混合比、相对湿度等气象参数,通过对它们各自的廓线结构分析得出了水汽混合比对边界层高度比较敏感,在边界层高度的位置有一个突然骤减的现象(图 4-1),因此本书选择了水汽混合比作为边界层高度的提取参数。

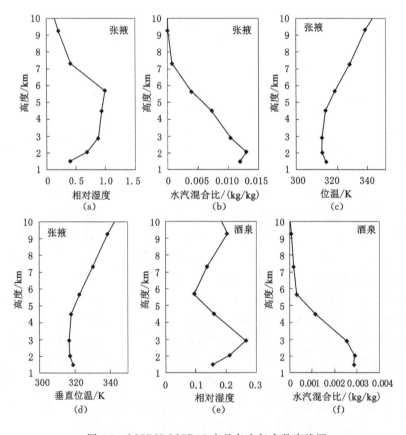

图 4-1 MODIS MOD07 产品各大气参数廓线图

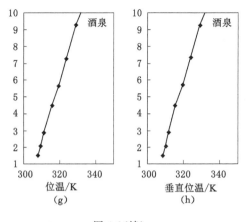

图 4-1(续)

　　针对这一发现,本书提出了基于 MODIS 水汽廓线数据边界层高度的求解方法。以 2012 年 8 月 10 日酒泉和张掖的水汽混合比廓线为例,图 4-2 分别给出了各自的水汽混合比廓线及其梯度。水汽混合比突然减小的高度正好对应着水汽混合比梯度最小值的点,而根据边界层高度上水汽含量会出现骤减这一特点可以确定此高度即为边界层高度。将这一规律利用程序 IDL 表述,在黑河流域内逐像元逐日求解即可获得黑河流域时空连续的边界层高度。基于水汽混合比廓线求解边界层高度有其物理意义,但也存在着一定的缺陷,这将在本章讨论中一一说明。

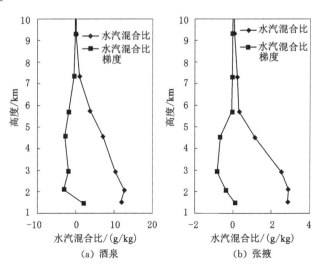

图 4-2　2012 年 8 月 10 日酒泉和张掖的水汽混合比廓线图

4.3 结果和验证

4.3.1 GPS 探空数据

对于 GPS 探空数据在不同的稳定度条件下采取不同的算法,本书以 2012 年 7 月 4 日和 7 月 8 日两天不同的大气稳定度为例对其进行分析和讨论(图 4-3)。虽然缺乏湍流通量的观测,但是根据位温廓线的结构依然可以对大气的稳定度加以判断,边界层位温廓线底部有逆温覆盖的为稳定状态,而位温底部无逆温结构或者变化不大的为不稳定状态[2]。由图 4-3 可以判定 2012 年 7 月 4 日大气为稳定状态,而 7 月 8 日大气为不稳定状态。图中垂直的虚线表示临界理查森数 $R_{ib}=0.21$,而水平的虚线则表示 $R_{ib}=0.21$ 的高度,即边界层高度。在图 4-3 中,7 月 4 日有两条水平虚线,下面一条虚线表示 $R_{ib}=0.21$,而上面一条虚线表示位温廓线的梯度变化最大的高度,由于 7 月 4 日为大气稳定状态,我们选取位温梯度变化最大的高度作为边界层高度会更加准确。7 月 8 日的边界层高度则确定为 $R_{ib}=0.21$ 的高度。为了验证本书使用水汽混合比廓线提取 MODIS 水汽廓线的边界层高度,在图 4-3 中加入水汽混合比廓线。从图中可以看出,两天边界层高度位置的水汽混合比都有一个突然变小的现象,因此这也在此证明了本书所选取方法的可行性。

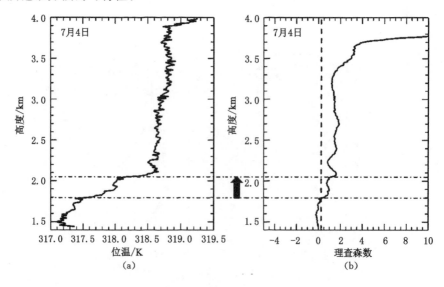

图 4-3 2012 年 7 月 4 日和 7 月 8 日探空数据观测的位温、理查森数和水汽混合比廓线

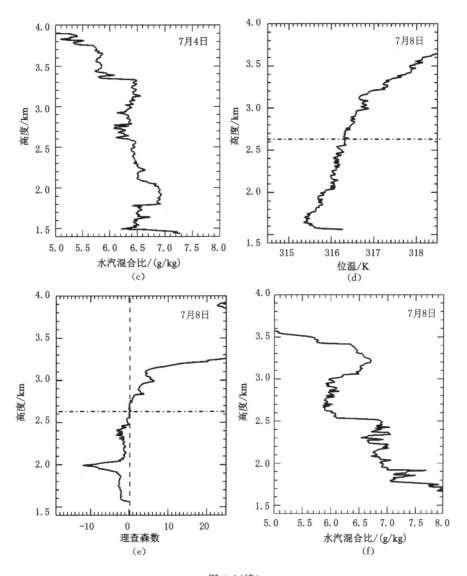

图 4-3（续）

4.3.2　MODIS 数据预处理结果

　　如前文所提到的受天气和云的影响，MODIS 大气廓线数据会缺失。但数据缺失较少时，可以利用邻近像元的数值对无值区域进行插补；当数据缺失较多时，则利用邻近天的有效数值对其进行插补。如图 4-4 所示为 2012 年 1 月 2 日黑河流域 700 hPa 露点温度数据插值前后对比图,其中白色区域为数据缺失的像元,右边图像为插值后的结果,从中可以看出数据缺失较少的区域插值结果相对较好,纹理比较合理,而数据缺失较多的区域插值结果相对较差。为了验证插补的效果,本书用 2012 年 3 月 25 日的数据对本书的数据插补方法的精度进行了评估。所选的数据当天的天气状况为晴天,不存在数据缺失,测试中预先对 3 月 25 日的数据随机屏蔽一部分,然后对其进行数值插补,插补后再和原先的数值进行比较。如图 4-5 所示,最左侧为原始影像,中间为屏蔽了部分有效值的影像,最右侧则为数据插补后的影像。

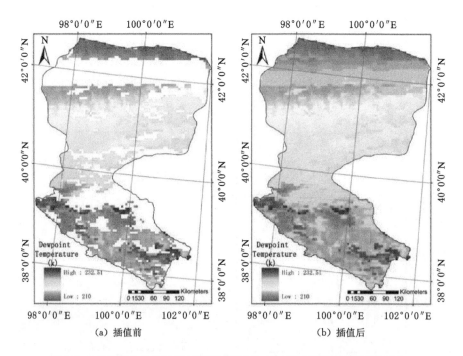

(a) 插值前　　　　　　　　　　(b) 插值后

图 4-4　2012 年 1 月 2 日黑河流域 700 hPa 露点温度数据插值前后对比

从图 4-5 和图 4-6 的统计结果可以看出,数据插补方法能够很好地对缺失数据进行插补。当数据缺失区域较小,只使用邻近像元进行插补时,插补后的数值和原先数据比较,两者的 R^2 为 0.82,均方根误差 RMSE 值为 1.04 K。由于边界层的结构时空变化非常快,在有云和无云时边界层内的参数化可能会完全不同,使用数据缺失前、后日的晴天条件下的数据对有云数据进行插补会造成很大的不确定性。因此,在后续的研究中,有大范围数据缺失日的数据将不会使用。

数据插补后,利用黑河流域内三个国家级高空气象站的数据对 MODIS MOD07 水汽廓线数据的精度进行了验证。验证结果显示,MODIS MOD07 水

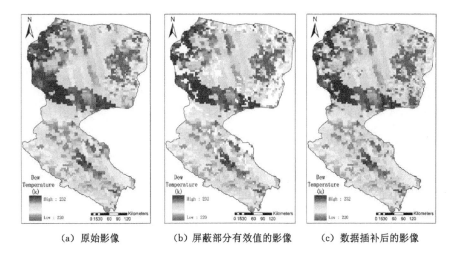

(a) 原始影像　　　　　(b) 屏蔽部分有效值的影像　　　　　(c) 数据插补后的影像

图 4-5　2012 年 3 月 25 日黑河流域 700 hPa 露点温度数据插补方法验证

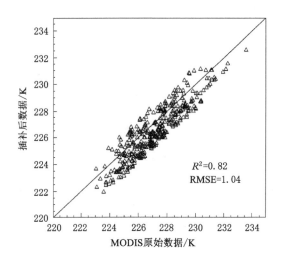

图 4-6　2012 年 3 月 25 日黑河流域 700 hPa 露点温度插补后数据与原始数据的比较

汽廓线数据和国家级高空气象站的实测数据之间有很好的一致性。如图 4-7 所示,在图中分别将 MODIS 数据晴天的原始数据和有云天气的插补值以黑色和灰色显示,其中黑色为晴天条件下的原始数据,灰色为经数据插补方法得到的数据。晴天条件下卫星反演的大气湿度数据和张掖、酒泉以及额济纳旗三个高空站的实测数据之间的 R^2 分别为 0.93、0.94、0.92。与晴天条件下 MODIS

MOD07 水汽廓线数据的高相关性相比,有云条件下由数据插补获得的数据与实测数据之间的相关性相对较低,张掖、酒泉和额济纳旗三个站的 R^2 分别为0.7、0.82、0.69,均方根误差分别为 13.82 K、13.60 K、14.66 K。这些误差一方面是由于探空数据的发射时间(早上 8 时)和 MODIS 卫星过境时间(13时左右)不同步;另一方面是由于数据插补方法的应用为数据引入了更多的不确定性。

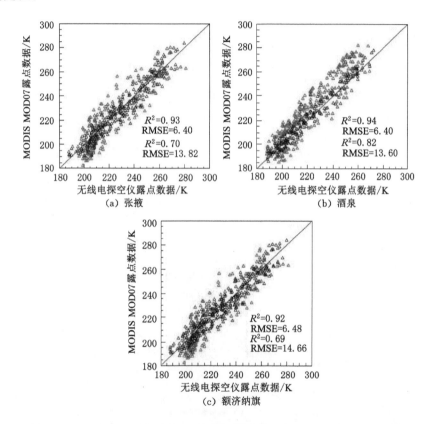

图 4-7 2012 年黑河流域张掖、酒泉和额济纳旗三个探空站 MODIS MOD07

露点温度数据验证图

4.4 大气边界层高度估算结果

大部分遥感光学卫星,其中包括 MODIS Terra 以及 Aqua,它们的过境时间都在当地时间的 9:00~15:00,而边界层的最大高度一般发生在当地时间的

13:00～17:00,这与 MODIS Aqua 的过境时间(13:00～15:00)非常接近,因此利用 MODIS Aqua 的 MOD07 数据进行大气边界层高度的估算。

　　表 4-1 中给出了 2008 年以及 2012 年黑河联合试验期间的与 Aqua 卫星过境时间接近的探空数据估算的边界层高度,以及 MODIS MOD07 水汽廓线数据估算的边界层高度的验证。表中 MODIS MOD07 数据估算的边界层高度和探空数据估算的边界层高度之间具有很好的一致性。除了 2012 年 7 月 4 日的估算结果存在很大的不确定性以外,本书所用方法估算的结果的绝对误差都在 500 m 以下,而 500 m 也正好和 MODIS MOD07 水汽廓线的底层分辨率相吻合。前文中提到 7 月 4 日为大气稳定状态,由此我们假设在大气稳定条件下使用水汽混合比廓线来估算大气边界层高度时,会产生很大的不确定性。但是由于缺少更多大气稳定条件下的实测探空数据,使得对此假设作进一步的验证变得困难,这一问题将在下文的讨论中进行进一步论述。从图 4-8 中可以看出,当把 7 月 4 日的数据排除之后,估算结果的 R^2 由 0.54 上升到了 0.79,同样均方根误差由原来的 550 m 降低到了 370 m。

表 4-1　MODIS MOD07 估算的大气边界层高度与探空数据估算的边界层高度比较

序号	日期	探空气球施放时间(北京时间)	MODIS 卫星过境时间(北京时间)	地点	探空数据估算的边界层高度/m	MODIS MOD07 数据估算的边界层高度/m	相对误差
1	2008-3-15	11:10	13:15	阿柔	301	203	−0.326
2	2008-3-17	11:46	14:40	扁都口	888	661	−0.256
3	2008-4-1	11:15	13:55	阿柔	653	971	0.487
4	2008-7-5	12:14	13:15	扁都口	633	1 106	0.747
5	2012-6-29	14:26	14:10	五星	750	937	0.249
6	2012-7-3	11:57	13:45	高崖	2 487	2 492	0.002
7	2012-7-4	14:09	14:30	高崖	627	2 156	2.439
8	2012-7-5	11:07	13:30	五星	595	905	0.521
9	2012-7-7	13:47	13:20	五星	1 503	1 752	0.166
10	2012-7-8	13:49	14:00	五星	1 057	1 062	0.005
11	2012-7-10	14:45	13:50	五星	1 360	2 049	0.507
12	2012-8-1	13:38	13:15	阿柔	875	1 551	0.773
13	2012-8-2	13:55	13:55	五星	655	983	0.501

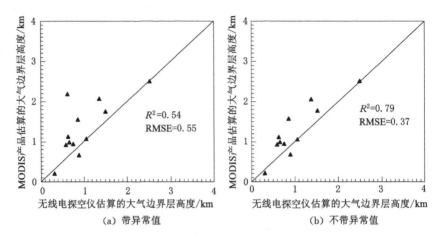

图 4-8　去除大气稳定条件下估算的大气边界层高度对比图

4.5　大气边界层高度的时空变化

通过数据的预处理以及模型计算,我们得出了 2008 年和 2012 年晴朗日黑河流域的大气边界层高度。图 4-9 分别选取了夏天和冬天其中两天的结果作为代表进行分析。大气边界层高度的发展和变化受太阳辐射对地表的加热作用所产生的湍流及地表的辐射冷却作用的共同影响[129-131]。图 4-9 中,夏天的大气边界层高度要高于冬天的,这说明净辐射是促进大气边界层高度变化的主要因素。图中的两日结果表示,下游沙漠区的大气边界层高度的变化幅度要明显大于上游和中游绿洲区的大气边界层高度变化幅度。这可能是中下游地区的植被对地表温度的增加有一个缓冲作用,使得地温的变化相对较小,从而使得绿洲区的感热也比沙漠区要小很多,最后导致了绿洲区的大气边界层高度变化幅度较小,而沙漠区大气边界层高度变化幅度较大。从单独一天的结果来看,大气边界层高度的大小和土地利用之间有很强的相关关系,沙漠区的大气边界层高度要明显大于绿洲区的大气边界层高度。

同样本书还对高崖探空施放站点 2012 年全年逐日的大气边界层高度进行了分析。图 4-10 分别给出了高崖探空施放站点 2012 年大气边界层高度的日变化以及月平均值。从图中可以看出,大气边界层高度有一个比较明显的年内变化规律,从 1 月份的 1 000 m 逐渐增加到夏天和秋天的最高值 2 000 m,在年末又重新下降到了 1 500 m 左右。

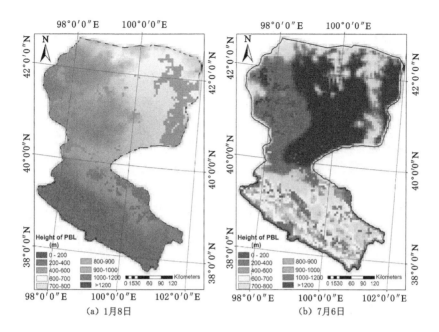

图 4-9　2012 年 1 月 8 日和 7 月 6 日晴朗日海河流域 MODIS MOD07 数据反演的
大气边界层高度空间分布图

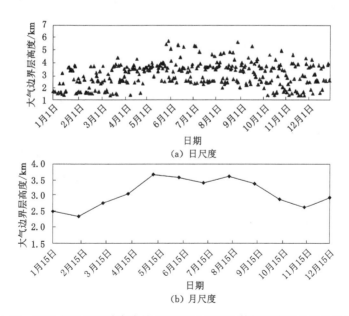

图 4-10　2012 年黑河流域高崖站 MODIS MOD07 数据反演的日以及月尺度
大气边界层高度变化图

4.6 讨论

尽管高崖探空施放站点的大气边界层高度的平均变化趋势是合理的,但是大气边界层高度的日际变化非常明显,变化幅度非常大。导致这种现象可能有几个原因:① 大气边界层高度和感热通量之间有明显的正相关关系,而感热通量的日际变化非常大;② 大气边界层高度的日内不同时刻之间的变化非常大,经常可以达到千米的量级,而每天的卫星过境时刻都有一定的差别;③ 受云的影响本书引入数据的插补方法,而数据插补可能会给水汽廓线数据引入很强的不确定性;④ 大气边界层高度的自动提取方法尤其是在大气稳定条件下估算的精度还不是那么可靠;⑤ MODIS MOD07 水汽廓线数据本身的原因,即 MODIS MOD07 水汽廓线数据的垂直分辨率问题限制了该方法的精度。如果想更广泛地应用此方法,必须要考虑以上问题并且对其进行进一步的研究。

云的影响和 MODIS MOD07 水汽廓线数据的垂直分辨率问题是提高本方法精度的一个主要瓶颈,AIRS 数据的引入将解决这一问题。在多云条件下,下垫面的空气状态以及大气参数都是不确定的,这种情况下进行数据插补将会带来很大的误差以及不确定性。780 hPa 以下 MODIS MOD07 水汽廓线数据的垂直分辨率大概为 500 m,而在 700 hPa 以上将会达到 1 000 m 左右。大部分的时间大气边界层高度都在 700 hPa 以下,本书大气边界层高度估算方法的均方根误差和 MODIS MOD07 水汽廓线数据 700 hPa 以下的垂直分辨率相近。因此,尽管本书使用水汽混合比梯度反演边界层高度的方法可以正确估算出大气边界层高度所属的气压层,但仍然可能产生几百米的误差,这一数值和 MODIS MOD07 水汽廓线底部数据的垂直分辨率相近。

如图 4-3 所示,以 2012 年 7 月 4 日为例,在大气稳定条件下本书估算大气边界层高度的方法可能会带来很大误差。由于在黑河流域缺少更多的稳定条件下的探空数据,阻碍了对该假设的进一步求证。但是从其他的一些文献中[70]我们可以找出导致稳定条件下产生较大误差的原因。如图 4-11 所示,图中给出了在大气稳定条件下,MODIS MOD07 数据估算大气边界层高度与探空数据估算大气边界层高度两者之间有较大差别的原因。本书中利用探空数据估算大气边界层高度是基于探空数据的位温廓线;而 MODIS MOD07 数据估算大气边界层高度是基于水汽混合比廓线。在大气不稳定条件下[图 4-11(a)],由探空数据的位温廓线所估算出来的大气边界层高度和水汽混合比减小最快的高度相一致;因此在不稳定条件下本书利用 MODIS MOD07 水汽廓线估算大气边界层高度的方法是准确的。而在大气稳定条件下[图 4-11(b)],由探空数据的位温廓线估算出来的大气边界层高度在 100 m 以下,但是图中水汽混合比减小最快的位置则是在 1 500 m 左右,这一个高度对应着前期边界层的残留层。这一情况和 2012 年 7 月 4 日的结果相类似,探空数据估算的结果为 627 m,而 MODIS MOD07 水汽廓线数据估算的结果为 2 156 m。

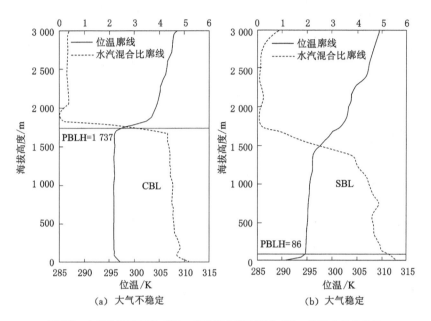

PBLH—大气边界层高度;CBL—不稳定大气边界层;SBL—稳定大气边界层。

图 4-11　不同大气稳定度条件下的位温以及水汽混合比廓线图

(水平实线为大气边界层高度位置[70])

　　同样在不稳定条件下使用水汽廓线来估算大气边界层高度也有一些问题需要注意。首先,如果大气边界层高度的日变化有明显的周期性,那么边界层的残留层的湿度也会较大,这种情况下使用水汽混合比梯度法所估算的大气边界层高度很可能是残留层的顶端而不是实际的大气边界层高度;其次,使用水汽混合比梯度法所估算出来的大气边界层高度也可能是由于平流作用引起的湿润大气层结的顶端。考虑到黑河流域上游相对湿润的高山、森林及草地和下游相对干旱的荒漠,在黑河流域发生水平平流的机会非常大。因此在研究区大气边界层高度变化有明显的周期性,且研究区靠近海岸,使得该地区海陆平流的现象非常明显,使用水汽混合比梯度法估算大气边界层高度时要非常谨慎。

　　尽管使用 MODIS MOD07 水汽廓线数据来估算大气边界层高度的方法还存在很多缺点,以及用来验证的数据还不充足,但是从初步的验证结果来看,基于天基遥感卫星数据来估算大气边界层高度的思路和精度还是令人满意的。如果有足够的人力、物力,通过对该方法逐步完善,利用 MODIS MOD07 水汽廓线数据或者其他相似的数据来估算全球的大气边界层高度是可以实现的。我们的结果也可作为全球大气污染模型的潜在数据输入源。运用传统的、昂贵的地基雷达来估算大气边界层高度将会逐步被精度和垂直分辨率更高的遥感方法所代替。如果未来的静止气象卫星的精度可以用来估算大气边界层高度,那么大气边界层高度日变化过程的反演也将成为可能。

4.7 小结

本章中我们选取了 MODIS MOD07 数据的水汽混合比廓线来估算流域尺度的大气边界层高度。研究结果表明水汽混合比廓线可以估算大气边界层高度,在大气边界层高度上水汽混合比有一个突然减小的趋势。利用这一规律,基于 MODIS MOD07 水汽廓线数据,像元尺度的大气边界层高度的模型被建立起来,自动估算黑河流域晴朗日的大气边界层高度。这一研究表明在不需要其他辅助的地面观测数据的情况下,利用天基遥感卫星数据反演大气边界层高度的可行性。该方法在晴天大气不稳定条件下的估算结果比较可靠;而在多云以及大气稳定条件下则可能产生较大的估算误差。云和 MODIS MOD07 水汽廓线数据的垂直分辨率是影响该方法精度的两个主要因素。尽管如此,该方法对大气边界层高度空间以及时间变化规律的揭示方面是令人满意的。在具备更高精度卫星数据的条件下,该方法反演大气边界层高度的精度将会得到进一步提高。

第 5 章　基于 AIRS 数据的大气边界层高度提取方法

5.1　前言

如 3.5 节所述,AIRS 数据由于其优越的算法和较高的精度,使得其在世界范围内得到广泛的应用,许多研究者都在其研究中得出 AIRS 大气产品可靠性高的结论。但是利用 AIRS 数据进行大气边界层高度反演的研究至今还没有,本章将着重介绍 AIRS 数据在提取大气边界层高度方面的应用。

第 4 章中利用水汽混合比梯度法从 MODIS MOD07 水汽廓线数据提取了黑河流域 2008 和 2012 年度的大气边界层高度,提取结果在大部分条件下比较合理,但是受云的影响以及 MODIS MOD07 水汽廓线数据垂直分辨率较高的影响,结果相对还存在一些缺陷。相比 MODIS MOD07 数据,AIRS 数据反演算法更加成熟,具有无数据缺失、垂直分辨率高、估算精度准等优点,因此基于该数据的大气边界层高度提取方法研究是本书的另一个主要内容。研究思路为首先下载并预处理 AIRS 温、湿廓线数据,进行合并、裁剪而生成研究区时空连续的数据集,选取典型时间、典型地点对温湿廓线的特征进行研究,选取能够反映大气边界层高度的特征参量,指定大气边界层高度的确定法则,最后对数据集进行运算生成时空连续的大气边界层高度数据集。本章中除了利用黑河流域 2012 年度的 GPS 探空数据对结果进行验证外,还将结果和全球再分析数据 MERRA 的大气边界层高度进行了对比和验证。

5.2　AIRS 数据处理结果

AIRS L2 标准反演产品包括空气温度、水汽、臭氧和甲烷的廓线,以及各种参数的质量标志。如表 5-1 所列,AIRS 大气廓线的支持产品的垂直分辨率为 $0.1\sim1\,100\,hPa$ 之间的 100 个大气层。AIRS 产品的轨道参数见表 5-2。AIRS L2 标准反演产品能够提供地表表层温度(K)、地表气温(K)、100 层大气温度(K)、

100 层水汽混合比（g/kg）、臭氧体积混合比（$\mu mol/mol$）、臭氧总量（DU）、地表红外发射率、地表红外反射率、位势高度（m）等气象和地理参数。

表 5-1　100 层 AIRS 产品各气压层序号以及对应气压

Level	1	2	3	4	5	6	7	8	9	10
p/hPa	0.016	0.038	0.077	0.137	0.224	0.345	0.506	0.714	0.975	1.297
Level	11	12	13	14	15	16	17	18	19	20
p/hPa	1.687	2.152	2.701	3.340	4.077	4.920	5.878	6.956	8.165	9.512
Level	21	22	23	24	25	26	27	28	29	30
p/hPa	11.003 8	12.649 2	14.455 9	16.431 8	18.584 7	20.922 4	23.452 6	26.182 9	29.121	32.274 4
Level	31	32	33	34	35	36	37	38	39	40
p/hPa	35.650 5	39.256 6	43.100 1	47.188 2	51.527 8	56.126	60.989 5	66.125 3	71.539 8	77.239 6
Level	41	42	43	44	45	46	47	48	49	50
p/hPa	83.231	89.520 4	96.113 8	103.017	110.237	117.777	125.646	133.846	142.385	151.266
Level	51	52	53	54	55	56	57	58	59	60
p/hPa	160.496	170.078	180.018	190.32	200.989	212.028	223.441	235.234	247.408	259.969
Level	61	62	63	64	65	66	67	68	69	70
p/hPa	272.919	286.262	300	314.137	328.675	343.618	358.966	374.724	390.893	407.474
Level	71	72	73	74	75	76	77	78	79	80
p/hPa	424.47	441.882	459.712	477.961	496.63	515.72	535.232	555.167	575.525	596.306
Level	81	82	83	84	85	86	87	88	89	90
p/hPa	617.511	639.14	661.192	683.667	706.565	729.886	753.628	777.79	802.371	827.371
Level	91	92	93	94	95	96	97	98	99	100
p/hPa	852.788	878.62	904.866	931.524	958.591	986.067	1 013.95	1 042.23	1 070.92	1 100

表 5-2　AIRS 产品的轨道参数

参数	资料属性
缩写	AIRX2RETP
覆盖范围	全球
分辨率	水平分辨率为 50 km
光谱范围	3.74～4.61 μm、6.20～8.22 μm、8.8～15.4 μm 之间共 237 个通道
数据量	约 56 MB
起始时间	2002 年 8 月 30 日 22:29:26
终止时间	至今

　　本研究为了估算大气边界层高度,主要下载了地表表层温度(K)、地表气温(K)、100 层大气温度(K)、100 层水汽混合比(g/kg)、100 层大气的位势高度(m)、地表位势高度(m)作为研究对象。如图 5-1 所示,一般每天最多只需 3 景数据便可以覆盖黑河流域(图中灰色区域),最少一景数据则可覆盖,所以覆盖黑河流域一年的 AIRS 数据量大约在 50 GB 左右。利用 IDL 批处理程序提取 HDF 文件中的 100×30×45 的原数据,最后给每景数据加入投影坐标信息,剪切、拼接生成研究区数据集。

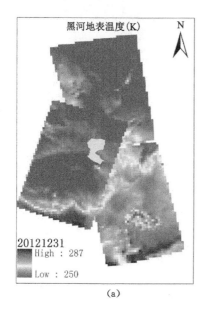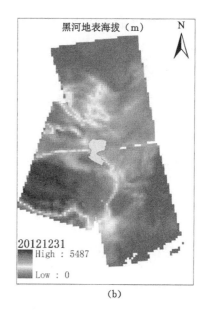

图 5-1　黑河流域 AIRS 数据预处理结果

　　图 5-2 为预处理后的黑河流域 2012 年 7 月 8 日 660 hPa 数据的水汽混合比与气温数据。从左图可以看出,水汽混合比的最大值出现在黑河流域南部的上游地区,该区域主要地表覆盖类型为高山、森林和草地,这里降水量充足、气候湿润,因此,空气含水量较高;而水汽混合比的低值都出现在下游的沙漠地区,这一地区全年干燥少雨,因而空气相对干燥,空气含水量相对较低。右图的空气温度同样给出了植被覆盖地区与沙漠地区存在较大的差别:上游海拔较高,大多在 3 000 m 左右,同时森林和草地的蒸发散热作用使得上游的感热相对较低,由地面经湍流作用传播到大气中的能量相对较低,因此,空气温度相对下游的沙漠地区出现了低值区域;而中下游的沙漠地区由于海拔较低,同时地表感热通量充足,使得空气升温较快,因此,温度较上游地区相对较高。由以上分析可以得知:AIRS 数据在黑河流域的宏观尺度上是合理的。为了保证 AIRS 数据的可靠性,

本书还利用黑河流域三个国家级高空气象站的探空数据对其进行了验证。

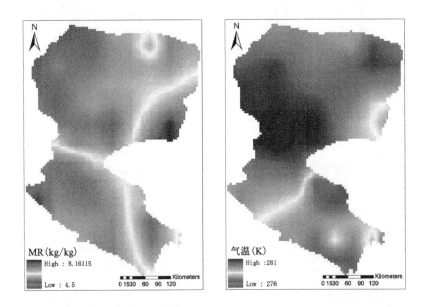

图 5-2 预处理后的黑河流域 2012 年 7 月 8 日 660 hPa 数据的水汽混合比与气温数据

5.3 ARIS 数据的验证

大气边界层高度一般在 2 000 m 以下,对应黑河流域的气压一般在 500 hPa 以下,因此,利用黑河流域内的国家级高空气象站 850 hPa、700 hPa 以及 500 hPa 的数据对 AIRS 数据相应高度的温度数据进行验证(图 5-3)。从 2012 年张掖、酒泉和额济纳旗三个国家级高空气象站的数据与 AIRS 温度数据的验证结果来看,除了张掖站的 R^2 较低为 0.86 以外,其余站点的 R^2 都不低于 0.90。因此,AIRS 数据作为研究数据用来提取大气边界层高度是可行的。从图 5-3 中还可以看出,在高值区域 AIRS 数据较探空数据稍大。造成这一现象的原因是 AIRS 数据的过境时间为当地时间的下午 1 时左右,探空数据的发射时间为当地时间的每天上午 8 时和晚上 8 时,而图中所使用的探空数据为上午 8 时的数据,在时间上存在着一定偏差,而由于温度的日变化为中午高、早晚低,因此造成了 AIRS 数据较探空数据大的现象。另外,高值区域 AIRS 数据较探空数据大的现象更为明显,这是由于大气边界层底部区域受地表影响更为明显,温度的日变化相对较大,而大气边界层顶部的温度较低,受地面影响较小,因此,日变化相对较小,从而与探空数据的差别较小。

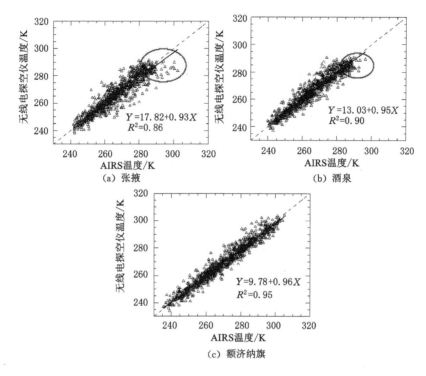

图 5-3　黑河流域国家级高空气象站 850 hPa、700 hPa 以及 500 hPa 的温度数据与 AIRS
数据相应高度的温度数据验证结果

5.4　AIRS 数据的大气边界层高度提取方法

在第 4 章中，我们使用 MODIS MOD07 水汽廓线的水汽混合比作为提取边界层高度的特征参数成功提取了大气边界层高度。但是其中也存在着一些问题。首先，如果大气边界层高度的日变化有明显的周期性，那么大气边界层的残留层湿度也会较大，这种情况下使用水汽混合比梯度法所估算的大气边界层高度很可能是残留层的顶端，而不是实际的大气边界层高度；其次，使用水汽混合比梯度法所估算出来的大气边界层高度也可能是由于平流作用引起的湿润大气层结的顶端。如上文提到黑河流域上游相对湿润的高山、森林、草地和下游相对干旱的荒漠，使得上、下游的气温和水汽都存在明显的差异，发生水平平流的机会非常大。因此，在可以使用其他参数的前提下，尽量避免直接使用水汽混合比廓线数据来提取大气边界层高度。

本书在对不同日期黑河流域的 AIRS 数据研究分析后发现，由于 AIRS 数据较高的垂直分辨率,其具备和GPS探空数据相似的功能,通过位温廓线的结构可以反映大气边界层的空间特点和大气边界层高度。图5-4选取了黑河流域中游的五星以及上游的阿柔的数据进行分析讨论。我们知道大气边界层高度以下的大气直接受到地表加热的作用,使得大气边界层内位温的变化比较复杂,而大气边界层高度以上不受地表的影响从而变化相对统一,尤其是位温的垂直变化梯度几乎不随高度的变化而变化;另外,由于大气边界层顶的夹卷作用使得大气边界层和自由大气之间会存在一个明显的逆温层。通过对AIRS数据的位温廓线分析后可知,AIRS数据在大气边界层高度顶部存在一个逆温覆盖,除去地表的海拔高度,在五星,这一层结高度在距离地面1 000~1 500 m之间,而在阿柔,这一高度在距离地面900~1 000 m之间;在逆温层以上自由大气的位温垂直变化梯度都比较均一。利用这两个特点,本书制定了AIRS大气边界层高度提取的准则:首先,寻找大气边界层顶逆温层,即寻找位温梯度最大的高度;其次,确认逆温层以上高度的位温梯度变化是否均一,本书通过对黑河流域的数据的大量分析得出一般自由大气的位温梯度在1~10 K/km之间,即逆温层以上所有高度的位温梯度都在1~10 K/km之间。由于逆温层是由于夹卷作用而产生的,而夹卷作用不是一直存在的,因此有时会出现没有逆温层的现象,这时则将位温梯度变化均一的底部作为大气边界层高度。

如图5-4所示,五星和阿柔的大气边界层高度分别为海拔2 498 m和3 850 m,除去地表海拔,大气边界层高度距地表的绝对高度分别为935 m和838 m,这一数值和晴天大气边界层高度在1 000 m左右相互吻合。

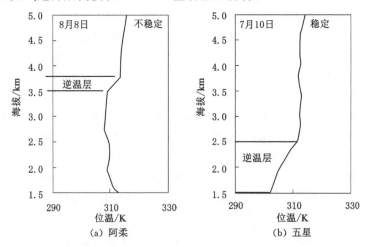

图5-4 黑河流域中游的五星以及上游的阿柔的位温廓线图

5.5　AIRS 数据提取大气边界层高度结果

通过位温梯度法对黑河流域逐像元进行大气边界层高度提取,图 5-5 为黑河流域 2012 年 7 月 17 日所提取的边界层高度及其参数结果。黑河流域上游为高山、森林和草地,海拔都在 3 000 m 以上,而地面气压一般小于 700 hPa,气温也相对较低,空气湿度趋于饱和;中游地区主要为农田灌溉区,地表海拔在 1 500 m 左右,地表气压一般为 850 hPa;下游地区地表主要为荒漠,地表海拔一般低于 1 000 m,地表气压都在 900 hPa 左右,地表气温较高,空气湿度较小。相应的所求得的大气边界层高度值也呈现出了上游整体较小,一般都在 1 000 m 以下,而高值区都出现在下游的沙漠区域,由于 7 月太阳辐射强烈,加上沙漠地区的强大的对流作用,使得下游的大气边界层高度最大值超过了 2 500 m。边界层的气温分布和地表的气温分布类似,上游温度较低,而下游温度则相对较高,上、下游大气边界层高度上的温差达到了 20 K 以上。另外大气边界层高度上的露点温差也呈现出上游低、下游高的特点,这说明上游的空气湿度较大且趋于饱和,而下游相对干燥,水汽含量较低。从估算结果的空间分布以及变化趋势也可以看出,大气边界层高度以及其参数空间分布特征明显且变化均匀,因此可以初步得出该结果基本合理,下文将对大气边界层高度结果进行进一步的验证分析。

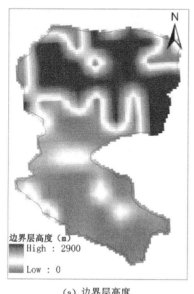

(a) 边界层高度　　　　　　　　　　(b) 边界层压强

图 5-5　黑河流域 2012 年 7 月 17 日所提取的边界层高度及其参数结果

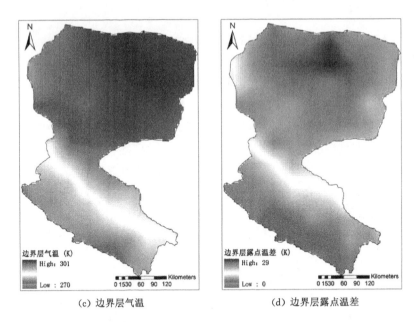

(c)边界层气温　　　　　　　　(d)边界层露点温差

图 5-5(续)

　　表 5-3 为 2012 年期间 HIWATER GPS 探空数据估算的大气边界层高度与
AIRS 数据估算的大气边界层高度的比较。从表中可以看出,AIRS 数据估算的
大气边界层高度比较准确,大部分日期的反演误差都在 200 m 以内,而 AIRS 数
据的垂直分辨率也在 200～300 m 之间,这说明使用位温梯度法从 AIRS 数据提
取大气边界层高度是可行且可靠的。根据逆温层以上位温梯度不再有剧烈变化
的大气为自由大气,逆温层以下是大气边界层,逆温层底部即为大气边界层高度
这一原则,可以准确地找出大气边界层高度所在。

表 5-3　AIRS 数据估算的大气边界层高度与探空数据估算的大气边界层高度比较

序号	日期	探空气球施放时间(北京时间)	MODIS 卫星过境时间(北京时间)	地点	探空数据估算的大气边界层高度/m	AIRS 数据估算的大气边界层高度/m	相对误差
1	2012-6-29	14:26	14:10	五星	750	769.407	0.025 876
2	2012-7-3	11:57	13:45	高崖	2 487	1 788.27	−0.280 95
3	2012-7-4	14:09	14:30	高崖	627	590	−0.059 01
4	2012-7-5	11:07	13:30	五星	595	506	−0.149 58
5	2012-7-7	13:47	13:20	五星	1 503	1 481	−0.014 64
6	2012-7-8	13:49	14:00	五星	1 057	735.399	−0.304 26

表 5-3(续)

序号	日期	探空气球施放时间(北京时间)	MODIS卫星过境时间(北京时间)	地点	探空数据估算的大气边界层高度/m	AIRS数据估算的大气边界层高度/m	相对误差
7	2012-7-10	14:45	13:50	五星	1 360	965	−0.290 44
8	2012-8-1	13:38	13:15	阿柔	875	623	−0.288
9	2012-8-2	13:55	13:55	五星	655	1 905.528	1.909 203

5.6　AIRS 数据提取大气边界层高度方法改进

2012 年 8 月 2 日,五星的大气边界层高度结果出现了非常大的误差,为了找出产生这一误差的原因,图 5-6(b)给出了 2012 年 8 月 2 日当天五星的 AIRS 位温廓线图。从图中可以看出,根据本书提取大气边界层高度的对应海拔 3 600 m 高度以上为逆温层,逆温层以上的位温梯度变化较小,可以视作自由大气,因此海拔 3 600 m 即表 5-3 所得出的距地面绝对距离 1 905.528 m,此高度为边界层高度。但是从图中可以看出,在海拔 2 480 m 的高度上还存在着一个更强的逆温层,一般出现多个逆温层都是由于前一日的残留层所致,因此书中又给出了 2012 年 8 月 1 日五星的 AIRS 位温廓线[图 5-6(a)]。从图 5-6(a)中同样可以看出在海拔 3 600 m 和 2 500 m 左右都存在着多个逆温层,和 8 月 2 日的大气边界层结构类似。由此可以判定黑河流域的大气边界层高度存在一定的周期性,且大气边界层高度容易受前一日的气象条件影响产生残留层,在提取大气边界层高度时必须注意这一现象,因此本书又改进了大气边界层高度的算法,将大气边界层高度定义为边界层下部开始的第一个逆温层的底部,这样可以有效避免残留层对估算精度的影响。如图 5-7 所示,通过算法改进后,AIRS 数据估算的大气边界层高度的 R^2 由原来的 0.32 增加到了 0.84,而均方根误差则由 514 m 降低到了 313 m。如果逆温层的底部与地表相连,则当日的大气为稳定状态。图 5-8 为不同稳定度条件下边界层位温廓线的标准结构,结合第 2 章大气边界层的知识,这时稳定边界层高度应该定义为逆温层的顶部,利用这一改进可以准确地估算出稳定条件下的大气边界层高度。

第 4 章提到在大气稳定条件下使用 MODIS MOD07 的水汽混合比数据提取大气边界层高度时会产生较大的误差,而通过表 5-3 中数据可以看出在大气

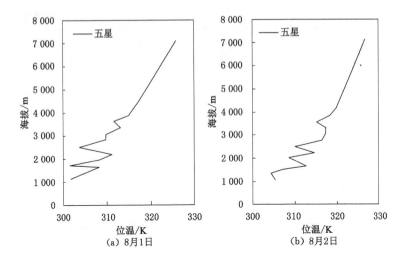

图 5-6　2012 年 8 月 1 日以及 8 月 2 日五星的 AIRS 位温廓线图

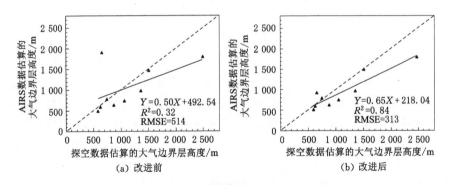

图 5-7　算法改进前后 AIRS 数据估算大气边界层高度结果验证对比

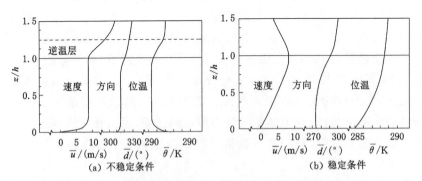

图 5-8　不同稳定度条件下边界层位温廓线的标准结构

（图中 z 为海拔高度，h 为大气边界层高度）

稳定条件下使用 AIRS 位温廓线数据提取大气边界层高度时则不会出现这个问题。图 5-9 为 2012 年 7 月 10 日五星的 AIRS 位温以及水汽混合比廓线对比图。从图中可以看出,位温廓线的底部为逆温层,可以判定大气为稳定状态,根据 AIRS 数据提取大气边界层高度的原则,大气边界层高度为逆温层的底部(海拔 2 500 m),距地表绝对距离为 965 m,探空数据的结果为 1 360 m,考虑到 MODIS 卫星过境时间与探空气球施放时间上有一个小时的差距,因此可以认为这一结果是合理的。若在这种情况下采用水汽混合比梯度法来提取大气边界层高度,那么结果将会是海拔 3 800 m,绝对高度为 2 300 m,这一结果与第 4 章中 MODIS MOD07 数据提取的结果一致,都是不合理的,因此在大气稳定条件下使用 AIRS 位温廓线数据也可以成功地提取大气边界层高度。

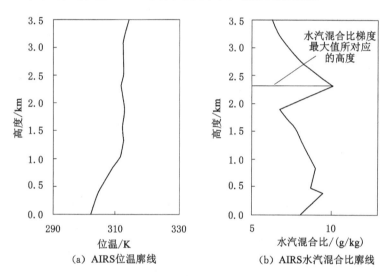

图 5-9　2012 年 7 月 10 日五星的 AIRS 位温以及水汽混合比廓线对比图

5.7　MERRA 数据验证结果

本书还下载和处理了 2012 年再分析数据 MERRA 估算的每天下午 1 时的大气边界层高度数据,作为 AIRS 数据反演大气边界层高度的验证数据。书中分别给出了 AIRS 数据平均大气边界层高度的估算值和 MERRA 数据平均大气边界层高度的估算值,如图 5-10 所示两者所估算的黑河流域平均大气边界层高度都在 500～1 000 m 之间。AIRS 数据和 MERRA 数据的平均大气边界层高度的高值区域都出现在黑河流域下游的沙漠和戈壁区,而上游的森林和草地的绿洲区都为边界层高度的低值区。虽然总体上两种数据的估算结果较为一致,但是在边界层高度的空间分布方面,MERRA 数据的分布更为平均,从上游到下游呈现出逐步增加的趋势。而 AIRS 数据计算的大气边界层高度的空间分布较 MERRA 数据估算的大气边界层高度的空间分布变化更为明显,除了在下游地区有一块高值外,在中游地区也出现了一片高值区域,这可能是由于中游为人工灌溉区,人类活动较为频繁,且存在张掖这样人口集中的城市使得城市热岛等人为现象干扰了大气边界层内的气象参数,尤其是温度的发展,AIRS 提取大气边界层高度时使用的参数恰巧是位温廓线,从而可以反映出这种变化,而MERRA 模式数据使用的方法为湍流能量法,主要从湍流能量平衡观点出发,将湍流能量或湍流应力接近消失的高度作为大气边界层高度,从而不能明显地反映出中游受人类影响所产生的大气边界层变化。MERRA 数据估算的大气边界层高度较 AIRS 数据反演结果更为平滑的另一个原因是,AIRS 数据使用的是逐像元的估算方法,而 MERRA 数据使用的则是全球的气候模式,后者更注重大尺度的大气边界层高度的变化,因此在流域尺度上的一些细节变化没有 AIRS 数据反映得准确。

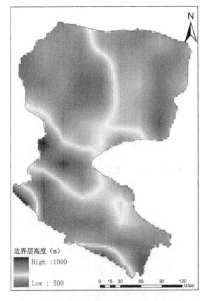

(a) AIRS数据估算的平均大气边界层高度　　(b) MERRA数据估算的平均大气边界层高度

图 5-10　2012 年黑河流域 AIRS 数据和 MERRA 数据估算的平均大气边界层高度对比

5.8　大气边界层高度的年内变化

为了给出黑河流域大气边界层高度的年内变化,书中统计了 2012 年全年黑河流域上游的阿柔以及中游的五星逐日的大气边界层高度。从图 5-11 中可以看出,五星和阿柔的大气边界层高度都在 0~2 000 m 之间,大部分值都在 200~1 000 m 之间。此外两个站点的大气边界层高度的日变化幅度非常大,相连两日的大气边界层高度的变化幅度可以达到几百米甚至上千米,这是由于大气边界层高度变化的时间尺度在半小时左右,而且受天气条件影响较大,有时在极端天气条件下大气边界层高度一个小时的变化都可能达到上千米,因此黑河流域两个站点大气边界层高度的日变化是合理的。从大气边界层高度变化的年内趋势上可以看出,阿柔和五星两个站点的大气边界层高度的年内变化趋势相似,雨季前后分别存在一个峰值,一个出现在 5 月前后,另一个出现在 8 月前后,出现

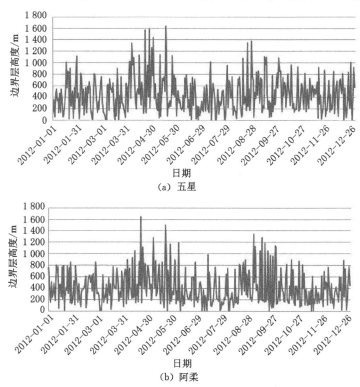

图 5-11　2012 年黑河流域 AIRS 数据反演的阿柔以及五星逐日的大气边界层高度

这一现象的原因有二：一是大气边界层高度的发展受地表能量的影响，地表能量越大，大气边界层高度发展得越厚，而地表能量主要来自太阳辐射，因此 5—10 月的大气边界层高度要明显高于 11 月至次年 4 月的大气边界层高度；二是每年 6—7 月为雨季，阴雨天气较多，受多云和阴雨天气的影响，大气边界层高度发展受阻，因此阿柔和五星的大气边界层高度在 6—7 月出现了低值。

5.9 结论和讨论

本章先后介绍了 AIRS 数据的处理方法，基于 AIRS 位温廓线数据的大气边界层高度提取方法，对 AIRS 数据反演大气边界层高度结果进行分析及算法改进，最后还分析了阿柔和五星两个站点的大气边界层高度的年内变化。从以上的分析结果中得出以下结论：

（1）AIRS 产品大气廓线数据不受天气条件的影响，全年数据基本无缺失，且数据精度较高，用 AIRS 产品大气廓线数据作为数据源可以连续、有效地反映出研究区大气参数的时空变化。

（2）位温廓线是最能反映边界层稳定度以及边界层结构的一个气象参数，使用位温廓线来提取大气边界层高度是合理且准确的。

（3）利用大气边界层在不同稳定度条件下具有不同位温廓线结构的特点，在大气稳定条件下把逆温层的顶部作为大气边界层高度，而在不稳定条件下则把逆温层结的底部作为大气边界层高度。对于不同的大气稳定度条件而采用不同的算法，可以有效避免该算法在大气稳定条件下产生较大的误差。

（4）考虑了大气残留层对大气边界层高度的影响，这一改进使得该算法可以在大气边界层高度具有明显的周期性的区域进行应用，避免由于残留层的影响而产生较大的估算偏差。

（5）利用 HIWATER GPS 探空数据的验证结果表明，利用改进后的算法，AIRS 数据反演的大气边界层高度的误差都在 300 m 以下，这一数值和 AIRS 大气产品的垂直分辨率接近，这说明本书基于 AIRS 数据的算法可以准确地反演大气边界层高度，所产生的误差是由 AIRS 数据本身的垂直分辨率问题导致的。

（6）利用 AIRS 数据反演的大气边界层高度及大气边界层高度上的参数年内变化合理，空间分布均匀，且全年无数据缺失，可以作为遥感蒸散发大气边界层数据的输入源，从而改进遥感蒸散发模型在大气边界层数据输入方面存在的不足。

第 6 章　大气边界层数据在 SEBS 模型中的应用

6.1　前言

　　本书研究大气边界层高度模型的出发点是将其用于地表蒸散发量的计算。区域蒸散发量(ET)在水资源规划和管理中起着关键性作用。水资源是制约干旱区经济发展和生态恢复的决定性因素,是干旱区资源环境和生态系统研究的核心问题[132-134]。蒸散发是干旱内陆水循环中最重要的组成部分,它在干旱区的水文循环研究、农业节水、水资源的规划管理和干旱监测等方面占有举足轻重的地位,有效估算干旱区蒸散发量具有重要的理论和现实意义[134-136]。传统计算蒸散发量的方法有能量平衡法[137]、水量平衡法[138]、参考作物蒸散法[139]等,但这些方法存在着由点向面的尺度转换问题。近些年,遥感技术在蒸散发研究中的应用弥补了传统方法的不足,成为估算区域蒸散发量的一种有效手段[140-143],常见的方法有地表温度-植被指数法、地表温度-通量法、空气动力学阻力-地表能量平衡余项法、P-M(Penman-Monteith,彭曼-蒙蒂思)公式法和双源 P-T(Priestley-Taylor,普里斯特利-泰勒)模型法等[144]。目前多数方法局限于较短时间尺度上的蒸散发量估算,在长时间尺度上对蒸散发量的估算也在探讨之中,如通过蒸散发比和参考作物蒸散发量计算日和月尺度上的蒸散发量,这类模型有陆面能量平衡算法(SEBAL)模型[145-146]、SEBS 模型[18,147] 和 P-T 模型[144]。SEBS 模型是比较典型且简单的单层模型,该模型所假设的两种极端状况(热和冷、干和湿)能较好地反映出干旱区的水分和能量分布不均的特点,提高了蒸散发量估算的精度[148]。由于 SEBS 模型的成熟性以及其在国内外区域蒸散发研究中的广泛应用[149],本书将遥感大气边界层参数代入该模型对估算区域蒸散发量的可行性进行讨论。

6.2　SEBS 模型

　　SEBS 模型是一个典型的单层余项式遥感蒸散发模型。该模型包括以下模块:陆面参数参数化(包括反照率、比辐射率、地表温度和植被覆盖度),热量粗糙度长度计算,摩擦速度、稳定度长度和显热通量数值解的迭代计算,相对蒸散发量和日蒸散发量计算。模型针对 NOAA/AVHRR 数据设计,需要大气风、温、湿和边界层气象数据作为输入,特点在于表面能量平衡指数(SEBI)的定义,通过假设的极端边界情况来计算实际蒸散发比,同时还综合了前人文献中计算动力学粗糙长度的计算方法,将其扩展到不同植被覆盖率的地表,并考虑了不同情况下大气稳定度的修正方法。SEBS 模型是利用卫星对地观测资料结合地面实测气象数据,根据能量平衡方程估算大气湍流通量和日蒸散发量的模型。若忽略用于植被光合作用和生物量增加的能量,地表能量平衡方程可以写成:

$$R_n = G + H\lambda E \tag{6-1}$$

式中:R_n 是净辐射通量,W/m^2;G 是土壤热通量,W/m^2;H 是感热通量,W/m^2;λE 是潜热通量,W/m^2。

该模型理论主要包括 4 个方面:① 通过遥感数据反演一系列地表物理参数;② 建立热交换粗糙度模型;③ 利用总体大气相似理论(BAS)确定摩擦风速、显热通量和奥布霍夫稳定度长度;④ 利用 SEBI 计算蒸散发比。

净辐射计算中短波辐射的计算方法取自 FAO 推荐的用于计算参考作物蒸散发量的 P-M 公式,公式如下:

$$R_n = (1 - \alpha)R_s - R_{nl} \tag{6-2}$$

$$R_s = \left(a_s + b_s \frac{n}{N}\right)R_a \tag{6-3}$$

式中:R_s 为太阳短波辐射,$MJ/(m^2 \cdot d)$;n/N 为相对日照时间;R_a 为天文辐射,$MJ/(m^2 \cdot d)$;a_s 和 b_s 为经验常数;α 为通过 MODIS 数据计算的逐日地表反照率数据。根据式(6-3)计算太阳短波辐射结果。其中,日照时间采用 FY 云分类数据生成的日照时数产品。

本研究中地表净辐射计算中长波辐射按下式计算:

$$R_{nl} = \sigma\left(\frac{T_{max}^4 + T_{min}^4}{2}\right)\left(0.34 - 0.14\sqrt{e_a}\right)\left(1.35\frac{R_s}{R_{so}} - 0.35\right) \tag{6-4}$$

式中:σ 为斯蒂芬-玻尔兹曼常数;T_{max},T_{min} 分别为 24 h 最高和最低气温,K;e_a 为实际的水汽压,kPa;$\frac{R_s}{R_{so}}$ 为相对太阳短波辐射;R_s 为太阳短波辐射,$MJ/(m^2 \cdot d)$;R_{so} 为晴空太阳辐射,$MJ/(m^2 \cdot d)$;其余为经验系数。

土壤热通量(G)主要由 R_n 控制,同时受植被覆盖率、地表温度、地表反射率等因素的影响,其计算公式为:

$$G = R_n[\Gamma_c(1 - f_c)(\Gamma_s - \Gamma_c)] \tag{6-5}$$

式中:f_c 是植被覆盖率;$\Gamma_c = 0.05$,是全植被覆盖条件下土壤热通量与净辐射的比率;$\Gamma_s = 0.315$,是裸土条件下土壤热通量与净辐射的比率。

感热通量(H)的计算基于大气边界层相似理论,通过迭代求解式(6-6)~式(6-8)得到:

$$u = \frac{u_*}{k}\left[\ln\left(\frac{z-d_0}{z_{0m}}\right) - \psi_m\left(\frac{z-d_0}{L}\right) + \psi_m\left(\frac{z_{0m}}{L}\right)\right] \tag{6-6}$$

$$\theta_0 - \theta_a = \frac{H}{ku\rho c_p}\left[\ln\left(\frac{z-d_0}{z_{0h}}\right) - \psi_h\left(\frac{z-d_0}{L}\right) + \psi_h\left(\frac{z_{0h}}{L}\right)\right] \tag{6-7}$$

$$L = -\frac{\alpha c_p u_* \theta_v}{kgH} \tag{6-8}$$

式中:z 是参考测量高度,m;u 是平均风速,m/s;u_* 是摩擦风速,m/s;$k=0.4$,是 Von-Karman 常数;d_0 是零平面位移高度,m;z_{0m} 是动量交换粗糙度高度,m;ψ_m 是动量交换稳定度校正函数;θ_0 是地表势温,K;θ_a 是高度 z 处的大气势温,K;ρ 是大气密度,kg/m³;c_p 是空气比定压热容,J/(kg·K);z_{0h} 是热量交换粗糙度长度,m;ψ_h 是感热交换稳定度校正函数;L 是奥布霍夫稳定度长度,m;g 是重力加速度,m/s²;θ_v 是近地表势虚温,K。

感热通量的计算中,热量交换粗糙长度 z_{0h} 需要已知。其他的遥感通量估算模型中的 z_{0h} 一般采用固定值,而 SEBS 模型发展了一个物理模型来描述 z_{0h}。热交换粗糙度 z_{0h} 可以表示为动量交换粗糙度 z_{0m} 的函数:

$$z_{0h} = z_{0m}/\exp(kB^{-1}) \tag{6-9}$$

$$kB^{-1} = \frac{kC_d}{4C_t\frac{u_*}{u_h}(1-e^{-n_{ec}/2})}f_c^2 + \frac{k\cdot\frac{u_*}{u_h}\cdot\frac{z_{0m}}{h}}{C_t^*}f_c^2 f_s^2 + kB_s^{-1}f_s^2 \tag{6-10}$$

$$kB^{-1} = 2.46(Re_*)^{1/4} - \ln 7.4 \tag{6-11}$$

式中:f_c 为植被覆盖率,$f_c = 1-f_s$;C_d 为叶片拖拽系数,一般为 0.2;C_t 为叶片热交换系数;h 为冠层高度,m;u_h 为冠层顶部的平均风速;n_{ec} 为冠层内风速剖面衰减系数,视为冠层顶部累积叶片拖拽面积的函数;C_t^* 为土壤热交换系数;Re_* 是雷诺数。

6.3 蒸散发比的计算

在 SEBS 模型中,假设土壤水分的干和湿两种极端情况。在干燥地表环境下,由于没有土壤水分供给蒸散发,潜热通量约为 0,此时感热通量达到最大值。

$$H_{dry} = R_n - G_0 \tag{6-12}$$

式中:H_{dry} 为干燥地表环境下的感热通量。

在土壤水分充分供应的湿润地表环境下,蒸散发量达到最大值,感热通量达到最小值。

$$\lambda E_{wet} = R_n - G_0 - H_{wet} \tag{6-13}$$

式中:λE_{wet} 为湿润地表环境下的潜热通量;H_{wet} 为湿润地表环境下的感热通量。其中,H_{wet} 的计算公式如下:

$$H_{wet} = (R_n - G_0) - \frac{\alpha c_p}{r_{ew}} \cdot \frac{e_s - e_a}{r} / \left(1 + \frac{\Delta}{r}\right) \tag{6-14}$$

式中:ρ 为空气密度;c_p 为空气比定压热容;r_{ew} 为湿润地表环境下的空气动力学阻力,由风速、摩擦风速、参考高度、零平面位移高度和动力学粗糙长度等计算得到;e_s 为饱和水汽压;e_a 为实际水汽压,由相对湿度等计算得到;r 为干湿计常数;Δ 为饱和水汽压-温度曲线的斜率。

SEBS 模型中相对蒸散发比(Λ_r)可以通过实际产生的潜热通量 λE 与湿润地表环境下的潜热通量 λE_{wet} 的比值计算:

$$\Lambda_r = \frac{\lambda E}{\lambda E_{wet}} = 1 - \frac{H - H_{dry}}{H_{dry} - H_{wet}} \tag{6-15}$$

式中:H 可通过估算地面和大气间的能量和物质的传输过程,利用总体相似理论参数化求得。

蒸散发比可以用实际产生的潜热通量 λE 与可用通量 $R_n - G_0$ 的比值表示,公式如下:

$$\Lambda = \frac{\lambda E}{R_n - G_0} = \frac{\Lambda_r \lambda E_{wet}}{R_n - G_0} \tag{6-16}$$

日蒸散发量 ET_{dry} 可由下式转换求得:

$$ET_{dry} = 8.641\,0^7 \bar{\Lambda} \cdot \frac{\overline{R_n} - \overline{G_0}}{\lambda \rho_w} \tag{6-17}$$

式中:$\overline{R_n}$ 为日平均净辐射;$\overline{G_0}$ 为日平均土壤通量(在日尺度上近乎为零);$\bar{\Lambda}$ 为日平均蒸散发,由于其一天内值相对稳定,由遥感卫星过境时刻蒸散发比 Λ 代替;ρ_w 为水的密度,取 1 000 kg/m³;λ 为水的汽化热。

6.4 月蒸散发量的估算

参考作物蒸散发量采用 FAO-56 P-M 公式计算:

$$ET_r = \frac{0.409\Delta(R_n - G_0) + r\dfrac{900}{T + 273}u_2(e_s - e_a)}{\Delta + r(1 + 0.34u_2)} \tag{6-18}$$

式中:T 为摄氏温度,℃;u_2 为离地面 2 m 处风速,m/s;其他符号含义同上。

本书结合 SEBS 模型和参考作物蒸散发量计算方法,使用卫星过境天数的参考蒸散发比 ET_rF 和每天的参考作物蒸散发量 ET_r 计算生长季每天的实际蒸散发量 ET_c:

$$ET_c = G_{rad}(ET_rF)ET_r \tag{6-19}$$

式中:ET_c 为实际蒸散发量,mm;G_{rad} 为地形纠正系数,在水平地区为 1,本书中设置为 1;ET_rF 为参考蒸散发比,由卫星过境天数 SEBS 模型计算实际蒸散发量除以参考作物蒸散发量得到,非卫星过境天数的参考蒸散发比可由时间序列插值方法得到;ET_r 为参考作物蒸散发量,mm。月蒸散发量 ET_{month} 由下式计算得到:

$$ET_{month} = \sum_{i=1}^{n} ET_{ci} \tag{6-20}$$

式中:n 为月天数,d;ET_{ci} 为任何月第 i 天蒸散发量,mm。

6.5 模型计算以及改进

SEBS 模型所需地表物理参数如反照率、植被覆盖率、比辐射率和地表温度等由 MODIS 系列产品计算得到。气象数使用黑河流域的气象站数据,包括相对湿度(转换成比湿)、气压、气温、风速、日照时数等,它们的空间分布由反距离权重插值得到。本书所用地表物理参数和气象参数分辨率统一至 1 000 m。

在以往的模型中,大部分研究人员都使用地面上方 2 m、10 m 或者探空数据的某一等压面高度,如吴炳方等发展的 ETWatch 模型将 850 hPa 作为参考高度来迭代计算感热通量。本书提出了基于 AIRS 大气廓线产品的边界层高度提取方法,并将所提取的大气边界层高度结果作为 SEBS 模型的参考高度,从像元尺度反映了流域边界层高度的空间变化,降低了 SEBS 模型对地面热力特性的敏感性。

将本书利用 AIRS 数据所提取的大气边界层高度以及大气边界层高度上的参数代入 SEBS 模型,替代以往模型中以 2 m、10 m 或者将流域内高空站 850 hPa 作为参考高度来计算流域内的感热通量。其具有以下的优点:

(1)用地面 10 m 处的观测温度作为参考温度会有一定的缺陷。首先地面站点所测温度代表上观测点以及上风向方向 100 m 左右的地表状况,而以 MODIS 数据为例,遥感观测温度代表了观测点周围 1～10 km 的尺度,因此两者之间会有尺度问题。

（2）其次，感热通量可用类似于分子热传导的公式来描述，即：

$$H = -\rho c_p K_T \frac{\partial T}{\partial Z}$$

式中：ρ 是空气的密度，标准状态下 $\rho = 0.001\ 29\ \text{g/cm}^3$；$c_p$ 为比定压热容，$c_p = 1.0 \times 10^3\ \text{J/(kg} \cdot \text{℃)}$；$\frac{\partial T}{\partial Z}$ 为垂直空气温度梯度；K_T 为乱流交换系数。

若以遥感观测的地表温度与地面站点观测的 2 m 或者 10 m 处的温度来计算感热通量，由于两者之间的温差较小，放大了观测误差的影响。因此，使用大气边界层高度尺度的位置作为参考高度。由于大气边界层高度较高，其和地面的温差较大，因此可以降低温度的反演误差多感热造成的影响。

（3）若使用无线探空数据作为参考高度，则会存在流域内探空站站点分布不足，卫星过境时间与探空数据发射时间不同步，以及探空数据获取延迟等问题。

（4）由于大部分的湍流只发生在大气边界层内，使用大气边界层高度作为计算感热通量的参考高度所计算出的感热通量为边界层内的平均通量，可以消除由于边界层内湍流局部异常扰动对感热估算的影响。因此使用遥感数据估算的空间分布的大气边界层高度来计算感热以及潜热通量对地表能量模型尤其是 SEBS 模型的改进有着极其重要的作用。

6.6　改进前后蒸散发量对比

图 6-1 和图 6-2 为 2012 年黑河流域 SEBS 算法改进前后月平均 ET 和 ET 空间分布对比图，原算法为利用探空站 850 hPa 气象数据作为参考高度所计算的 ET，改进算法为使用 AIRS 数据估算的大气边界层高度及其参数作为参考高度所估算的 ET。从图 6-2 中可以看出，在黑河流域的上游和下游地区改进前的 ET 值都比改进后的 ET 值大，而中游绿洲区域的 ET 值则相差不大。另外，从图 6-1 中也可看出，改进前的算法所计算的 ET 值在全年都要大于改进后的算法所计算的 ET 值。造成这一结果的原因是流域内国家级高空气象站分布有限，原算法是将流域内三个国家级高空气象站 850 hPa 高度上的平均气温统一作为全流域各像元的参考高度输入。另外，由于国家级高空气象站基本集中在中游和下游区域，而中、下游区域海拔较低，气温也较上游区域高。如果全流域都是用中、下游国家级高空气象站的平均气温作为输入，则会出现参考高度的气温偏高的现象，这样一来就会造成地表和参考高度的地气温差偏小，从而导致感热偏小。由于 SEBS 模型估算的 ET 是采用余项法所计算的，$\lambda E = R_n - H - G$，

在其他变量不变的情况下,H 变小就会造成 λE 的增加。由于 AIRS 大气边界层高度是基于像元尺度的,与地表参数是一一对应的,因而采用 AIRS 大气边界层高度作为参考高度的输入则不会出现这一情况。

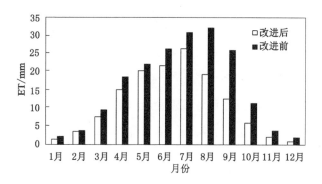

图 6-1　SEBS 算法改进前后月平均 ET 对比

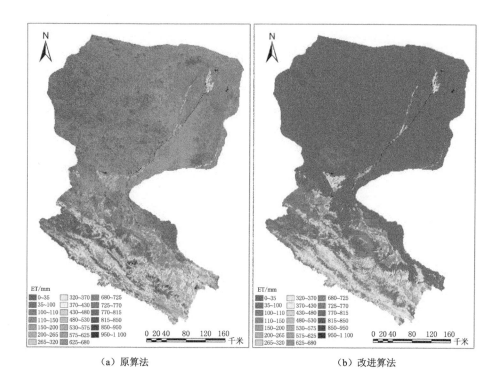

（a）原算法　　　　　　　　　　　　　　（b）改进算法

图 6-2　SEBS 算法改进前后流域 ET 空间分布对比

6.7 蒸散发数据集时空统计

本书利用 AIRS 数据计算的大气边界层高度和大气边界层高度上的温度、湿度数据代入 SEBS 模型计算了 2012 年黑河流域 1 km 蒸散发数据,并利用黑河流域内土地利用数据、通量和气象站数据以及降雨数据对结果进行了验证。下文为黑河流域 1 km 蒸散发数据统计以及验证。

6.7.1 不同土地利用类型的平均蒸散发量

采用生态环境部生态十年项目三期土地利用数据成果,对 2012 年流域 1 km 分辨率遥感蒸散发数据进行统计,获得每种土地利用类型的年平均蒸散发量,如图 6-3 所示。从图中可以看出,每种土地利用类型的平均蒸散发量大小逻辑关系为:林地＞旱地＞草地≫裸岩裸土沙地,此关系与实际情况相符,逻辑关系合理。

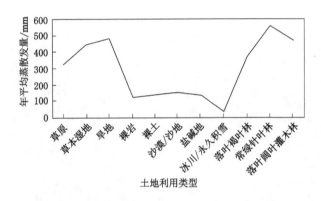

图 6-3 2012 年不同土地利用类型的年平均蒸散发量对比

6.7.2 估算的蒸散发数据与降雨数据对比

下载中国气象共享网上全国降雨栅格数据,通过数据处理,获得黑河流域 2008—2013 年的 1 km 分辨率降雨量,与本书遥感估算的全流域 1 km 分辨率蒸散发量进行对比,如图 6-4 所示,两者值域基本相近。以 2012 年为例,采用原算法估算的黑河流域年蒸散发量在 180 mm 左右,采用新算法估算的年蒸散发量为 139 mm,和黑河流域的降雨量相吻合。因此,采用 AIRS 数据估算的大气边界层高度作为参考高度来计算蒸散发量是合理的。

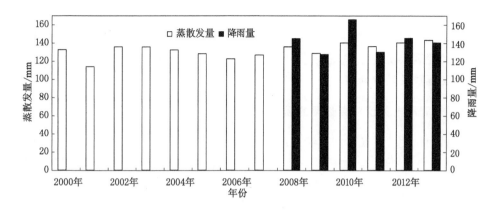

图 6-4　黑河流域遥感估算年蒸散发量与降雨量对比

6.8　站点通量数据的处理

6.8.1　观测数据的处理

地面观测过程中有许多的不确定性,存在着测量误差,如仪器误差、方法误差、环境误差和测量人员操作误差等。为了确保观测数据的准确性,对观测数据进行处理并实施严格的质量控制是非常有必要的。因此,我们针对涡动相关仪和自动气象站观测的地面数据,分别制定了详细的观测数据处理流程,并按照这些流程对地面观测数据进行处理。

6.8.2　涡动相关仪观测数据的处理

涡动相关仪观测是建立在一系列假设的基础上的,包括准平稳(定常)湍流、水平均匀(忽略平流的影响)、近地层存在常通量层、影响通量的各种尺度的涡旋都被测量到,以及测量到的通量能代表仪器所在的下垫面等。在理想条件下,涡动相关仪所获得的湍流通量数据值得信赖。然而现实中常常不能满足上述假设条件,如果不进行必要的修正,得到的湍流通量数据就会存在较大的误差。

收集到的涡动相关仪观测数据为从涡动相关仪(EC)测量的原始 10 Hz 数据出发,采用英国爱丁堡大学发展的 EdiRe 软件对测量到的原始数据进行处理,处理步骤主要包括野点值的剔除、延迟时间的校正、超声虚温转化为空气温度、坐标旋转(平面拟合法)、空气密度效应的修正(WPL 修正)等。

经过以上步骤处理后得到的是 30 min 间隔数据,为了与遥感观测数据结果的时间尺度相匹配,又进行了无效值剔除、空缺值插补、日蒸散发量计算以及月与年尺度蒸散发量计算,最终获得可验证遥感蒸散发量数据的地面观测的月与年尺度蒸散发量数据集。

6.8.3　涡动相关仪观测数据的插补

涡动相关仪在长时间连续观测中,数据会有不同程度的缺失,因此选用查找表法对缺失数据进行插补,最后得到不同时间尺度(日、半月、月、年)的蒸散发量序列。其中,日蒸散发量采用 30 min 观测数据累加得到,进而将日蒸散发量逐日累加得到半月、月蒸散发量,再将月蒸散发量累加得到年蒸散发量。对于日、月蒸散发量,如果该日的 30 min 观测值或该月的日观测值缺失比例超过 50%,则被视为缺测。当缺测值出现时,在进行月蒸散发量计算时,一般采用本月已有日蒸散发量取平均值,然后乘以本月天数,来获得月尺度的蒸散发量,进而再累计获得年蒸散发量。

6.9　蒸散发数据集的验证

课题组采用自己观测的数据以及收集到的黑河流域野外地面观测数据(包括上、中、下游不同下垫面类型下地表通量观测数据),对遥感估算的流域的地表通量数据进行验证。

6.9.1　大满通量和气象站

如图 6-5 与图 6-6 所示,2012 年 5 月 25 日至 2012 年 9 月 14 日期间,大满通量和气象站遥感估算的 1 km 蒸散发量在多数情况下与 EC 观测值相近。观测期间,遥感估算的蒸散发量为 472 mm,EC 观测的蒸散发量总和为 461 mm。月尺度上模型估算的效果较好,月观测值与遥感估算值之间的平均相对误差 MRE 在 10% 以内。日尺度上模型估算的效果稍差,但是从整体上看遥感估算的大满通量和气象站 1 km 蒸散发量与地面观测结果的变化趋势是一致的,两者的 R^2 为 0.454。

6.9.2　花寨子通量和气象站

如图 6-7 所示,2012 年 6 月 1 日至 2012 年 9 月 15 日花寨子通量和气象站遥感估算的 1 km 蒸散发量在多数情况下低于 EC 观测值。从图中可以看出,花

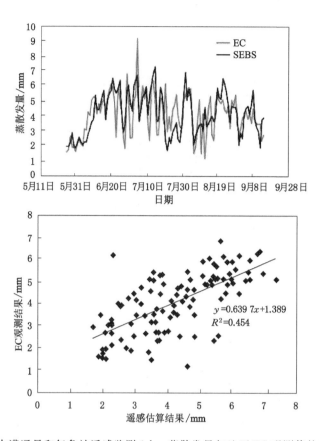

图 6-5　大满通量和气象站遥感监测 1 km 蒸散发量与地面 EC 观测值的对比验证

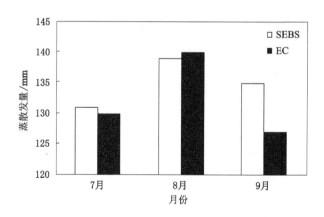

图 6-6　大满通量和气象站遥感监测 1 km 日蒸散发量与地面 EC 观测日值的对比验证

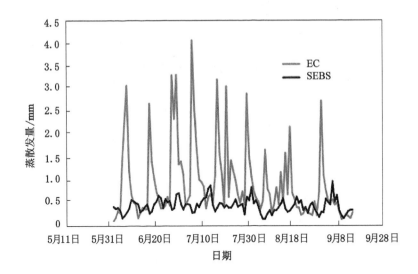

图 6-7　花寨子通量和气象站遥感监测 1 km 蒸散发量与地面 EC 观测值的对比验证

寨子通量和气象站的蒸散发量的 EC 观测值呈现多峰现象,且日与日之间的变化较大,而遥感估算的蒸散发量则一直较低。经过对观测期内其他气象资料的调查发现,EC 出现峰值的日期内大多伴随着降雨的发生,由于花寨子的下垫面为戈壁,所以晴朗日的蒸散发量较低,而降雨日的蒸散发量则会出现较大的增加。在晴朗日,遥感估算的蒸散发量为合理的,而非晴朗日的蒸散发量则由蒸散发比的时间重建方法计算得到,从而导致了遥感估算结果与 EC 观测结果之间存在较大的误差。观测期间,遥感估算与 EC 观测的蒸散发量结果分别为 45 mm 和 98 mm,两者相差较大。这一问题有待进一步研究讨论。

6.9.3　湿地通量和气象站

如图 6-8 所示,2012 年 6 月 26 日至 9 月 21 日湿地通量和气象站遥感估算的 1 km 蒸散发量在多数情况下低于 EC 观测值,这可能是由 EC 所观测的源区与遥感观测的像元尺度不一致造成的。观测区间,遥感估算的蒸散发量值为 339 mm,而同期的 EC 观测值为 366 mm,在观测区间内的平均相对误差(MRE)为 5%。在日过程变化上,遥感估算的湿地通量和气象站 1 km 蒸散发量与 EC 观测的蒸散发量总体一致,两者的 R^2 为 0.755。

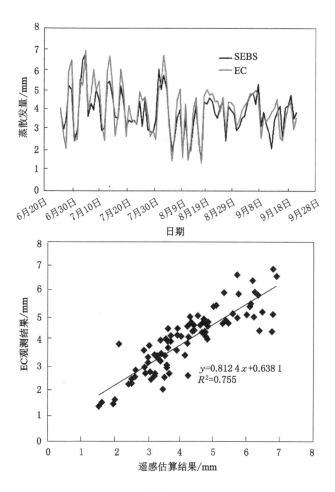

图 6-8　湿地站遥感监测 1 km 蒸散发量与地面 EC 观测值的对比验证

6.10　小结

　　利用 AIRS 数据所计算的边界层高度以及参数作为 SEBS 模型的参考高度数据输入来计算流域蒸散发量是可行的,所计算的蒸散发量空间分布较原始算法更为合理。此外通过利用黑河流域不同下垫面类型下已有的 EC 观测值结合通量和气象站观测数据,估算出黑河流域上、中、下游不同站点 2008—2013 年地面观测蒸散发量,同时结合典型小流域径流观测值以及收集到的全流域降雨数据,验证了 2008—2013 年的遥感估算结果。通过地面验证,可以得到以下主要结论：

（1）阿柔、大满、花寨子、湿地 4 个站：遥感监测得到的蒸散发量数据与地面观测数据对比：2008—2013 年的 1 km 月蒸散发量的均方差 RMSE 为 1.30 mm，平均相对误差 MRE 为 -11.83%，R^2 为 0.97。

（2）黑河全流域：遥感监测得到的黑河流域 2008—2013 年 1 km 年蒸散发量与降雨量的偏差为 3%。

因此，使用 AIRS 大气廓线数据估算的大气边界层高度数据作为 SEBS 模型的输入源是可行且合理的，这一改进不但提高了模型精度，而且使 SEBS 模型摆脱了对国家级高空气象站数据的依赖。利用遥感反演的大气边界层高度数据作为蒸散发量估算模型的输入，也是未来遥感蒸散发模型的一个发展方向。

第7章 结 论

　　本书主要围绕大气边界层高度的遥感估算方法展开分析和讨论,建立了基于 MODIS MOD07 以及 AIRS 大气廓线产品的不同大气边界层高度估算方法,利用该方法对黑河流域的大气边界层高度进行了估算和分析,并利用黑河流域通量和气象站的数据对估算结果进行了验证。

　　通过本书的研究,主要得出以下结论:

　　(1)通过对 MODIS MOD07 以及 AIRS 大气廓线产品的预处理以及精度验证发现,遥感大气廓线数据和国家级高空气象站的探空数据的 R^2 都在 0.90 以上,精度可以满足估算大气边界层高度以及蒸散发量的需求。

　　(2)通过对 MODIS MOD07 水汽廓线数据的分析表明,MODIS MOD07 水汽廓线数据的水汽混合比廓线可以用来估算大气边界层高度,在大气边界层高度上水汽混合比有一个突然减小的趋势。利用这一规律,基于 MODIS MOD07 水汽廓线数据,像元尺度的大气边界层高度的模型被建立起来,自动地估算黑河流域晴朗日的大气边界层高度。这一研究表明,在不需要其他地面观测数据的情况下,利用天基遥感卫星数据反演大气边界层高度是可行的。该方法在晴天大气不稳定条件下的估算结果比较可靠;而在多云以及大气稳定条件下则可能产生较大的估算误差。云和 MODIS MOD07 水汽廓线数据的垂直分辨率是影响该方法精度的两个主要因素。

　　(3)利用 MODIS MOD07 水汽廓线数据计算 2008 年和 2012 年黑河流域的大气边界层高度,估算结果在时空分布上夏天的大气边界层高度要高于冬天的,这说明净辐射是促进大气边界层变化的主要因素。另外,下游沙漠地区的大气边界层高度变化幅度要明显大于上游和中游绿洲区的大气边界层高度变化幅度。这说明采用该方法估算的结果在时空分布上是合理的。将基于 MODIS MOD07 水汽廓线数据方法计算大气边界层高度与利用黑河联合试验的加密探空观测数据计算的大气边界层高度进行了对比分析,在晴天大气不稳定条件下两者的 R^2 为0.79,RMSE 为 370 m,可以满足实际应用的需求。

　　(4)本书在对不同日期黑河流域的 AIRS 数据研究分析后发现,通过位温廓线的形状可以反映大气边界层的结构及其高度,在不稳定条件下将位温廓线的逆温层底部作为大气边界层高度,而在大气稳定条件下则将位温廓线的顶部作为大气边界层高度,通过算法的改进可以利用 AIRS 数据估算不稳定条件下以及有边界层残留结构的大气边界层高度。

(5) 利用 HIWATER 探空数据的验证结果表明,采用改进后的算法,AIRS 数据反演的大气边界层高度的误差都在 300 m 以下,验证的 R^2 为 0.84,和 MERRA 再分析数据估算的大气边界层高度较为一致。这一算法所估算的绝对误差和 AIRS 100 层大气产品的垂直分辨率接近,这说明本书基于 AIRS 大气廓线产品的算法可以准确地反演大气边界层高度,所产生的误差为 AIRS 数据垂直分辨率原因所产生的系统误差。

(6) 本书的研究结果还表明,利用 AIRS 数据所估算的大气边界层高度及其参数替代 SEBS 模型中国家级高空气象站数据所估算的黑河流域 1 km 蒸散发量,较原算法精度有所提高且空间分布合理,通过利用黑河流域内通量和气象站所观测的潜热对计算结果的对比分析发现,2008—2013 年的 1 km 月蒸散发量的均方差 RMSE 为 1.30 mm,平均相对误差 MRE 为 -11.83%,R^2 为 0.97,黑河全流域遥感监测得到的 2008—2013 年 1 km 年蒸散发量与降雨量的偏差为 3%,这些都表明使用 AIRS 数据反演的大气边界层高度及其边界层高度上的参数年内变化合理,空间分布均匀,且全年无数据缺失,可以作为 SEBS 模型大气边界层数据的输入源,从而改进遥感蒸散发模型在大气边界层数据方面的不足。

第 8 章　讨论与展望

8.1　讨论

本书通过对 MODIS MOD07 以及 AIRS 大气廓线数据的分析,针对不同数据的特点,分别提出了基于水汽混合比廓线以及位温廓线的大气边界层混合高度提取方法,得到的结果可以满足应用的需要,但还存在以下不足。

(1) 本书所使用的 MODIS MOD07 数据受云的影响,在非晴天条件下会有数据缺失,为了生成空间分布连续的大气边界层高度,对数据缺失较小的天进行了基于时空二维方法的数据插补,但插补方法会造成一定的误差,因此 MODIS MOD07 数据的预处理方法还有待进一步研究。

(2) 基于 MODIS MOD07 水汽廓线数据的大气边界层高度提取方法在黑河流域取得了较好的结果,和流域内的加密探空数据所获得的大气边界层高度在晴天条件下的 R^2 达到了 0.79,但是该方法还存在一些缺点,如:在大气稳定条件下的估算结果会产生比较大的误差,MODIS MOD07 水汽廓线数据的垂直分辨率制约着该方法的估算精度,使用水汽混合比廓线在有残留层影响以及发生水平平流的条件下将不再适用。这些问题在今后的研究中还要继续解决。

(3) 基于 AIRS 大气廓线数据的大气边界层高度提取方法解决了云对数据缺失造成的影响问题,解决了不同大气稳定度以及残留层对大气边界层高度估算精度影响的问题,但是 AIRS 大气廓线数据的空间分辨率为 45 km,这种分辨率在大尺度边界层的研究上不会造成影响,但是如果应用到中、小尺度时则会存在一定的问题,因此如何对 AIRS 数据进行降尺度研究也是下一步研究的一个方向。

(4) MODIS MOD07 和 AIRS 大气廓线数据的重现周期较长,不能反映出大气边界层高度的日变化过程,因此如果下一代的气象静止卫星能提供满足精度以及垂直分辨率的半小时尺度水汽廓线产品,那么本书的方法将解决大气边界层日发展过程的问题。

(5) SEBS 模型中估算蒸散发量的其他数据源空间分辨率为 1 km,本书基于 AIRS 数据所估算的大气边界层高度的水平分辨率为 45 km，较国家级高空气象站的数据输入有很大的改善。

（6）本研究中还对遥感估算的大气边界层高度参数对地表蒸散发模型的改进进行了一些讨论，初步提出了本书估算的大气边界层参数作为遥感蒸散发模型数据输入源的思路。但是对蒸散发量的估算是一个非常复杂的问题，所涉及的参数以及过程繁多，不是一两个参数所能决定的。因此，如何将本书的研究结果更好地融入流域蒸散发模型中还有待进一步研究和讨论。

8.2 展望

本书提出的方法为天基遥感方法反演大气边界层高度提供了新的思路和方法，但目前用于该数据的传统的微气象学上的理查森数法、水汽混合比梯度法以及温度梯度法等都是逐像元的大气边界层高度提取方法，存在估算结果的空间连续性较差和方法的主观性较强等问题[103]，使得模型的自动化批量处理难度较大。最近兴起的二维小波分析方法是在传统小波分析方法的基础上发展而来的，被广泛应用于图像边缘识别与监测[150-151]，具有自适应的特点，为后续大气边界层高度的确定提供了更为稳定、可靠的工具。二维小波变换模的极值点对应原图像的异常部位，这与大气边界层上温度和湿度廓线的突变相契合，使其具备从遥感温、湿廓线数据中准确获取大气边界层高度及其对应信息的潜力；此外，二维小波分析方法的研究对象是基于整幅影像的数据，这让其计算特征更加合理，研究者将在后续的研究工作中将其实现。

另外，本书中所使用的包括再分析数据在内的大气边界层高度数据和反演数据源，普遍存在空间分辨率不足的问题（50 km 左右），严重限制了大气边界层高度数据更加精细化的应用，而针对大气边界层高度信息的降尺度研究目前尚属空白。随着机器学习相关研究的兴起，相关模型和方法在各研究领域得到广泛应用[152]，该方法能够高效、准确提取训练样本中的特征[153]；目前部分研究者已经将机器学习算法应用于土壤湿度和降雨等遥感数据的尺度转换研究中[154-155]，但在大气边界层高度数据方面的应用亟待开发。地理加权回归模型（GWR）相较于传统的全局回归模型，更加强调回归数据的局部特性[156]；引入地理加权回归模型进行大气边界层高度的降尺度研究，将提高模型在复杂下垫面条件下的拟合优度，获得更为精确的大气边界层高度数据，这也是未来大气边界层研究人员探索的一个新方向。

参 考 文 献

[1] BEYRICH F,GRYNING S E,JOFFRE S,et al. Mixingheight determination for dispersion modelling-a test of meteorological pre-processors[J]. Air pollution modeling and its application Ⅻ,1998,22:541-549.

[2] STULL R B. Convective mixed layer[M]//An introduction to boundary layer meteorology. Dordrecht:Springer Netherlands,1988:441-497.

[3] GARRATT J R,HESS G D,PHYSICK W L,et al.The atmospheric boundary layer-advances in knowledge and application[J]. Boundary-layer meteorology,1996,78(1/2):9-37.

[4] DANG R J,YANG Y,HU X M,et al. A review of techniques for diagnosing the atmospheric boundary layer height (ABLH) using aerosol lidar data[J]. Remote sensing,2019,11(13):1590.

[5] GARRATT J R.The atmospheric boundary layer[M]. Combrige:Combrige University Press,1992.

[6] 张强,王胜,张杰,等.干旱区陆面过程和大气边界层研究进展[J].地球科学进展,2009,24(11):1185-1194.

[7] 陈燕,蒋维楣.南京城市化进程对大气边界层的影响研究[J].地球物理学报,2007,50(1):66-73.

[8] 胡非,洪钟祥,雷孝恩.大气边界层和大气环境研究进展[J].大气科学,2003,27(4):712-728.

[9] 赵鸣.大气边界层动力学[M].北京:高等教育出版社,2006.

[10] MARGAIRAZ F,PARDYJAK E R,CALAF M. Surface thermal heterogeneities and the atmospheric boundary layer:the relevance of dispersive fluxes[J]. Boundary-layer meteorology,2020,175(3):369-395.

[11] 卞林根,程彦杰,王欣,等.北京大气边界层中风和温度廓线的观测研究[J].应用气象学报,2002,13(增刊1):13-25.

[12] 黄春红,宋小全,王改利,等.珠海2009年夏季激光雷达探测大气边界层高度数据处理[J].大气与环境光学学报,2011,6(6):409-414.

[13] 涂静,张苏平,程相坤,等.黄东海大气边界层高度时空变化特征[J].中国海洋大学学报(自然科学版),2012,42(4):7-18.

[14] 伍大洲,孙鉴泞,袁仁民,等.对流边界层高度预报方案的改进[J].中国科学技术大学学报,2006,36(10):1111-1116.

[15] 刘彦,姚进明,徐卫民.用 A 值法测算景德镇市 SO_2 大气环境容量[J].江西能源,2006(4):13-15.

[16] 张少骞,蔡靖,陈柏言.基于 A 值法测算长春市大气环境容量的研究[J].中国环境管理丛书,2011(2):28-30.

[17] 吴炳方,熊隽,闫娜娜,等.基于遥感的区域蒸散量监测方法:ETWatch[J].水科学进展,2008,19(5):671-678.

[18] SU Z. The Surface Energy Balance System (SEBS) for estimation of turbulent heat fluxes[J]. Hydrology and earth system sciences,2002,6(1):85-100.

[19] BRUTSAERT W,SUGITA M. Regional surface fluxes from satellite-derived surface temperatures (AVHRR) and radiosonde profiles[J]. Boundary-layer meteorology,1992,58(4):355-366.

[20] MARTINS J P A,TEIXEIRA J,SOARES P M M,et al. Infrared sounding of the trade-wind boundary layer:AIRS and the RICO experiment[J]. Geophysical research letters,2010,37(24):L24806(1-6).

[21] 张仁华,孙晓敏,刘纪远,等.定量遥感反演作物蒸腾和土壤水分利用率的区域分异[J].中国科学(D 辑:地球科学),2001,31(11):959-968.

[22] ANDERSON M C,NORMAN J M,KUSTAS W P,et al. Effects of vegetation clumping on two-source model estimates of surface energy fluxes from an agricultural landscape during SMACEX[J]. Journal of hydrometeorology,2005,6(6):892-909.

[23] NORMAN J M,CAMPBELL G. Application of a plant-environment model to problems in irrigation[M]//Advances in Irrigation. Amsterdam:Elsevier,1983:155-188.

[24] TAYLOR G I. Eddy motion in the atmosphere[J]. Philosophical transactions of the Royal Society of London,1915,215:1-26.

[25] TAYLOR G I. Statistical theory of turbulence[J]. Proceedings of the Royal Society of London,1935,151(873):421-444.

[26] EKMAN V W. On the influece of the earth's rotation on ocean current[J]. ARKIV för matematik,astronomi och fysik,1905,2(11):1-53.

[27] BLACKADAR A K. The vertical distribution of wind and turbulent exchange in a neutral atmosphere[J]. Journal of geophysical research,1962, 67(8):3095-3102.

[28] MONIN A S,OBUKHOV A M. Basic laws of turbulent mixing in the surface layer of the atmosphere[J]. Tr. Akad. Nauk. SSSR Geofiz. Inst. , 1954,24(151):163-187.

[29] WYNGAARD J C,COTÉ O R,IZUMI Y. Local free convection,similarity,and the budgets of shear stress and heat flux[J]. Journal of the atmospheric sciences,1971,28(7):1171-1182.

[30] KAIMAL J C,WYNGAARD J C,HAUGEN D A,et al.Turbulence structure in the convective boundary layer[J]. Journal of the atmospheric sciences,1976,33(11):2152-2169.

[31] CARLSON M A,STULL R B. Subsidence in the nocturnal boundary layer [J]. Journal of climate and applied meteorology,1986,25(8):1088-1099.

[32] ZHANG Q,HU Y Q. An application of the local similarity on the atmospheric surface layer[J]. Acta meteorologica sinica,1994,52(2):212-222.

[33] HU Y Q,ZHANG Q. On local similarity of the atmospheric boundary layer[J]. Scientia atmospherica sinica,1993,17(1):10-20.

[34] DYER A J,BRADLEY E F. An alternative analysis of flux-gradient relationships at the 1976 ITCE[J]. Boundary-layer meteorology,1982,22(1): 3-19.

[35] 张强,胡隐樵.大气边界层物理学的研究进展和面临的科学问题[J].地球科学进展,2001,16(4):526-532.

[36] 苏秀娟.用 K 理论研究南京大厂地区污染物扩散[J].南京气象学院学报, 12(3):10.

[37] ROTTA J. Statistische theorie nichthomogener turbulenz[J]. Zeitschrift für physik,1951,129(6):547-572.

[38] YAMADA T,MELLOR G. A simulation of the wangara atmospheric boundary layer data[J]. Journal of the atmospheric sciences,1975,32(12):2309-2329.

[39] 孙健,周秀骥,赵平.2 阶湍流闭合边界层模式及其在暴雨模拟中的应用[J].科学通报,2005(03):78-88.

[40] DEARDORFF J W. Three-dimensional numerical study of the height and mean structure of a heated planetary boundary layer[J]. Boundary-layer meteorology,1974,7(1):81-106.

[41] 盛裴轩,毛节泰,李建国,等.大气物理学[M].北京:北京大学出版社,2003.

[42] 程水源,席德立,张宝宁,等.大气混合层高度的确定与计算方法研究[J].中国环境科学,1997,17(6):512-516.

[43] 陈光玉,梁汉明,唐社民,等.关于季风槽成因及其对南北半球大气环流的影响[J].南京气象学院学报,1988,11(3):312-320.

[44] 孟庆珍,朱炳胜.重庆市大气混合层厚度的计算和分析[J].成都气象学院学报,1999,14(2):163-171.

[45] 王式功,姜大膀,杨德保,等.兰州市区最大混合层厚度变化特征分析[J].高原气象,2000,19(3):363-370.

[46] 杨勇杰,谈建国,郑有飞,等.上海市近15a大气稳定度和混合层厚度的研究[J].气象科学,2006,26(5):536-541.

[47] 周颖.贵阳市混合层高度的研究[J].贵州环保科技,1997,3(4):37-40.

[48] 蒋维楣,等.边界层气象学基础[M].南京:南京大学出版社.

[49] 张强,卫国安,侯平.初夏敦煌荒漠戈壁大气边界结构特征的一次观测研究[J].高原气象,2004,23(5):587-597.

[50] 叶堤,王飞,陈德蓉.重庆市多年大气混合层厚度变化特征及其对空气质量的影响分析[J].气象与环境学报,2008,24(4):41-44.

[51] 刘小红,洪钟祥.北京地区一次特大强风过程边界层结构的研究[J].大气科学,1996,20(2):223-228.

[52] 刘毅,周明煜.北京沙尘质量浓度与气象条件关系研究及其应用[J].气候与环境研究,1998,3(2):142-146.

[53] SEIBERT P,BEYRICH F,GRYNING S E,et al. Review and intercomparison of operational methods for the determination of the mixing height [J]. Atmospheric environment,2000,34(7):1001-1027.

[54] 马福建.用常规地面气象资料估算大气混合层深度的一种方法[J].环境科学,1984,5(1):11-14.

[55] 史宝忠,郑方成,曹国良.对大气混合层高度确定方法的比较分析[J].西安建筑科技大学学报(自然科学版),1997,29(2):138-141.

[56] 王欣,卞林根,逯昌贵.北京市秋季城区和郊区大气边界层参数观测分析[J].气候与环境研究,2003,8(4):475-484.

[57] DAI C Y,GAO Z Q,WANG Q,et al. Analysis of atmospheric boundary layer height characteristics over the Arctic Ocean using the aircraft and GPS soundings[J]. Atmospheric and oceanic science letters,2011,4(2):

124-130.

[58] DAI C, WANG Q, KALOGIROS J A, et al. Determining boundary-layer height from aircraft measurements[J].Boundary-layer meteorology,2014, 152(3):277-302.

[59] ZHANG Y J, SUN K, GAO Z Q, et al. Diurnal climatology of planetary boundary layer height over the contiguous United States derived from AMDAR and reanalysis data[J]. Journal of geophysical research:atmospheres,2020,125(20):e2020JD032803.

[60] EMEIS S, SCHÄFER K, MÜNKEL C. Surface-based remote sensing of the mixing-layer height a review[J]. Meteorologische zeitschrift,2008,17 (5):621-630.

[61] HE Q S, MAO J T, CHEN J Y, et al. Observational and modeling studies of urban atmospheric boundary-layer height and its evolution mechanisms [J]. Atmospheric environment,2006,40(6):1064-1077.

[62] HELMIS C G, SGOUROS G, TOMBROU M, et al. A comparative study and evaluation of mixing-height estimation based on sodar-RASS, ceilometer data and numerical model simulations[J]. Boundary-layer meteorology,2012,145(3):507-526.

[63] HENNEMUTH B, LAMMERT A. Determination of the atmospheric boundary layer height from radiosonde and lidar backscatter[J]. Boundary-layer meteorology,2006,120(1):181-200.

[64] HUANG M, GAO Z Q, MIAO S G, et al. Estimate of boundary-layer depth over Beijing, China, using Doppler lidar data during SURF-2015 [J]. Boundary-layer meteorology,2017,162(3):503-522.

[65] SUGIMOTO N, NISHIZAWA T, SHIMIZU A, et al. Characterization of aerosols in east Asia with the Asian dust and aerosol lidar observation network (AD-net)[C]//Lidar Remote Sensing for Environmental Monitoring XIV. Beijing:[s. n.],2014.

[66] LEVENTIDOU E, ZANIS P, BALIS D, et al. Factors affecting the comparisons of planetary boundary layer height retrievals from CALIPSO, ECMWF and radiosondes over Thessaloniki, Greece[J]. Atmospheric environment,2013,74:360-366.

[67] 陈炯,王建捷.北京地区夏季边界层结构日变化的高分辨模拟对比[J].应用气象学报,2006,17(4):403-411.

[68] 斯塔尔.边界层气象学导论[M].徐静琦,杨殿荣,译.青岛:青岛海洋大学出版社,1991.

[69] CAO G X,GIAMBELLUCA T W,STEVENS D E,et al. Inversion variability in the Hawaiian trade wind regime[J]. Journal of Climate,2007,20(7):1145-1160.

[70] LIU S Y,LIANG X Z. Observed diurnal cycle climatology of planetary boundary layer height[J]. Journal of climate,2010,23(21):5790-5809.

[71] 王珍珠,李炬,钟志庆,等.激光雷达探测北京城区夏季大气边界层[J].应用光学,2008,29(1):96-100.

[72] HOLZWORTH G C. Estimates of mean maximum mixing depths in the contiguous United States[J].Monthly weather review,1964,92(5):235-242.

[73] JOFFRE S M,KANGAS M,HEIKINHEIMO M,et al. Variability of the stable and unstable atmospheric boundary-layer height and its scales over a boreal forest[J]. Boundary-layer meteorology,2001,99(3):429-450.

[74] 乔娟.西北干旱区大气边界层时空变化特征及形成机理研究[D].北京:中国气象科学研究院,2009.

[75] 韦志刚,陈文,黄荣辉.敦煌夏末大气垂直结构和边界层高度特征[J].大气科学,2010,34(5):905-913.

[76] 徐桂荣,崔春光,周志敏,等.利用探空资料估算青藏高原及下游地区大气边界层高度[J].暴雨灾害,2014,33(3):217-227.

[77] 廖国莲.大气混合层厚度的计算方法及影响因子[J].中山大学研究生学刊(自然科学与医学版),2005,26(4):66-73.

[78] DAVIS K J,GAMAGE N,HAGELBERG C R,et al. An objective method for deriving atmospheric structure from airborne lidar observations[J]. Journal of atmospheric and oceanic technology,2000,17(11):1455-1468.

[79] MELFI S H,SPINHIRNE J D,CHOU S H,et al. Lidar observations of vertically organized convection in the planetary boundary layer over the ocean[J]. Journal of climate and applied meteorology,1985,24(8):806-821.

[80] QUAN J N,GAO Y,ZHANG Q,et al.Evolution of planetary boundary layer under different weather conditions,and its impact on aerosol concentrations[J]. Particuology,2013,11(1):34-40.

[81] WANG G J,GARCIA D,LIU Y,et al. A three-dimensional gap filling method for large geophysical datasets:application to global satellite soil moisture observations[J]. Environmental modelling and software,2012,

30：139-142.

[82] DAVIS K J，LENSCHOW D H，ONCLEY S P，et al. Role of entrainment in surface-atmosphere interactions over the boreal forest[J]. Journal of geophysical research：atmospheres，1997，102(D24)：29219-29230.

[83] KORHONEN K，GIANNAKAKI E，MIELONEN T，et al. Atmospheric boundary layer top height in South Africa：measurements with lidar and radiosonde compared to three atmospheric models[J]. Atmospheric chemistry and physics，2014，14(8)：4263-4278.

[84] STEYN D G，BALDI M，HOFF R M. The detection of mixed layer depth and entrainment zone thickness from lidar backscatter profiles[J]. Journal of atmospheric and oceanic technology，1999，16(7)：953-959.

[85] KNUPP K R，COLEMAN T，PHILLIPS D，et al. Ground-based passive microwave profiling during dynamic weather conditions[J]. Journal of atmospheric and oceanic technology，2009，26(6)：1057-1073.

[86] WARE R，CARPENTER R，GÜLDNER J，et al. A multichannel radiometric profiler of temperature，humidity，and cloud liquid[J]. Radio science，2003，38(4)：77-88.

[87] 戴聪明,魏合理.地基微波辐射计和太阳光度计反演大气水汽总量的对比研究[J].大气与环境光学学报,2013,8(2):146-152.

[88] 杜荣强,魏合理,伽丽丽,等.基于地基微波辐射计的大气参数廓线遥感探测[J].大气与环境光学学报,2011,6(5):329-335.

[89] 刘红燕.三年地基微波辐射计观测温度廓线的精度分析[J].气象学报,2011,69(4):719-728.

[90] 刘建忠,张蔷.微波辐射计反演产品评价[J].气象科技,2010,38(3):325-331.

[91] ZHANG N，CHEN Y，ZHAO W J. Lidar and microwave radiometer observations of planetary boundary layer structure under light wind weather [J]. Journal of applied remote sensing，2012，6 (1)：063513.

[92] HOLTSLAG A A M，VAN ULDEN A P. A simple scheme for daytime estimates of the surface fluxes from routine weather data[J]. Journal of climate and applied meteorology，1983，22(4)：517-529.

[93] ROBERTSON E，BARRY P J. The validity of a Gaussian plume model when applied to elevated releases at a site on the Canadian shield[J]. Atmospheric Environment，1989，23(2)：351-362.

[94] 汪小钦,王体健,李宗恺. 边界层参数化方案的探讨[J]. 气象科学,1996 (4):336-344.

[95] 葛孝贞,王体健. 大气科学中的数值方法[M]. 2 版. 南京:南京大学出版社,2013.

[96] 李宗恺,潘云仙,孙润桥. 空气污染气象学原理及应用[M]. 北京:气象出版社,1985.

[97] WEIL J C,BROWER R P. An updated Gaussian plume model for tall stacks[J]. Journal of the air pollution control association,1984,34(8): 818-827.

[98] VAN ULDEN A P,HOLTSLAG A A M. Estimation of atmospheric boundary layer parameters for diffusion applications[J]. Journal of climate and applied meteorology,1985,24(11):1196-1207.

[99] LEE RUSSELL F. Workbook of atmospheric dispersion estimates[J]. Bulletin of the American Meteorological Society,1996,77:361-362.

[100] SEIBERT P,BEYRICH F,GRYNING S E,et al. Review and intercomparison of operational methods for the determination of the mixing height[J]. Atmospheric environment,2000,34(7):1001-1027.

[101] HE Q S,MAO J T,CHEN J Y,et al. Observational and modeling studies of urban atmospheric boundary-layer height and its evolution mechanisms[J]. Atmospheric environment,2006,40(6):1064-1077.

[102] ONYANGO S,ANGUMA S K,ANDIMA G,et al. Validation of the atmospheric boundary layer height estimated from the MODIS atmospheric profile data at an equatorial site[J]. Atmosphere,2020,11(9):908.

[103] FENG X L,TANG L,HAN G,et al. Temperature gradient method for deriving planetary boundary layer height from AIRS profile data over the Heihe River Basin of China[J]. Arabian journal of geosciences,2021, 14(2):1-10.

[104] ATLAS R. The impact of AIRS data on weather prediction[J]. Proceedings of the SPIE - the international society for optical engineering,2005, 5806(1):599-606.

[105] DIVAKARLA M G,BARNET C D,GOLDBERG M D,et al. Validation of Atmospheric Infrared Sounder temperature and water vapor retrievals with matched radiosonde measurements and forecasts[J]. Journal of geophysical research:atmospheres,2006,111(D9):D09S15-1-D09S15-20.

[106] REALE O, SUSSKIND J, ROSENBERG R, et al. Improving forecast skill by assimilation of quality-controlled AIRS temperature retrievals under partially cloudy conditions[J]. Geophysical research letters, 2008, 35(8):135-157.

[107] WU L G, BRAUN S A, QU J J, et al. Simulating the formation of Hurricane Isabel (2003) with AIRS data[J]. Geophysical research letters, 2006, 33(4):4804(1-4).

[108] RIENECKER M M, SUAREZ M J, GELARO R, et al. MERRA: NASA's modern-era retrospective analysis for research and applications[J]. Journal of climate, 2011, 24(14):3624-3648.

[109] 李新, 马明国, 王建, 等. 黑河流域遥感-地面观测同步试验:科学目标与试验方案[J]. 地球科学进展, 2008, 23(9):897-914.

[110] 王介民. 陆面过程实验和地气相互作用研究:从 HEIFE 到 IMGRASS 和 GAME-Tibet/TIPEX[J]. 高原气象, 1999, 18(3):280-294.

[111] MA A N. Remote sensing information model[M]. Beijing: Peking University Press. 1997.

[112] MA Y M, DAI Y X, MA W Q, et al. Satellite remote sensing parameterization of regional land surface heat fluxes over heterogeneous surface of arid and semi-arid areas[J]. Plateau meteorology, 2004, 23(2):139-146.

[113] MA Y M, MA W Q, LI M S, et al. Remote sensing parameterization of land surface heat fluxes over the middle reaches of the Heihe River[J]. Journal of desert research, 2004, 24(4):392-401.

[114] LI X, LI X W, LI Z Y, et al. Watershed allied telemetry experimental research [J]. Journal of geophysical research atmospheres, 2009, 114(D22):D22103.

[115] LI X, CHENG G D, LIU S M, et al. Heihe watershed allied telemetry experimental research (HiWATER): scientific objectives and experimental design[J]. Bulletin of the American Meteorological Society, 2013, 94(8): 1145-1160.

[116] 李新, 刘强, 柳钦火, 等. 黑河综合遥感联合试验研究进展:水文与生态参量遥感反演与估算[J]. 遥感技术与应用, 2012, 27(005):650-662.

[117] GRANADOS-MUÑOZ M J, NAVAS-GUZMÁN F, BRAVO-ARANDA J A, et al. Automatic determination of the planetary boundary layer height using lidar: one-year analysis over Southeastern Spain[J]. Journal of geophysical research: atmospheres, 2012, 117:D18208.

[118] MENUT L,FLAMANT C,PELON J. Evidence of interaction between synoptic and local scales in the surface layer over the Paris area[J]. Boundary-layer meteorology,1999,93(2):269-286.

[119] MARTIN C L,FITZJARRALD D,GARSTANG M,et al. Structure and growth of the mixing layer over the Amazonian rain forest[J]. Journal of geophysical research:atmospheres,1988,93(D2):1361-1375.

[120] RUSSELL P B,UTHE E E,LUDWIG F L,et al. A comparison of atmospheric structure as observed with monostatic acoustic sounder and lidar techniques [J]. Journal of geophysical research,1974,79(36):5555-5566.

[121] MCGRATH-SPANGLER E L,DENNING A S. Estimates of North American summertime planetary boundary layer depths derived from space-borne lidar [J]. Journal of geophysical research:atmospheres,2012,117(D15):D15101.

[122] SEIDEL D J,AO C O,LI K. Estimating climatological planetary boundary layer heights from radiosonde observations:comparison of methods and uncertainty analysis[J]. Journal of geophysical research:atmospheres,2010,115(D16):D16113.

[123] DIAMANTOPOULOU M J. Filling gaps in diameter measurements on standing tree boles in the urban forest of Thessaloniki,Greece[J]. Environmental modelling and software,2010,25(12):1857-1865.

[124] 刘闯,葛成辉.美国地球观测系统 AQUA 卫星数据政策、主要技术指标与数据本土化共享问题[J].遥感信息,2002,17(2):38-42.

[125] GETTELMAN A,WALDEN V P,MILOSHEVICH L M,et al. Relative humidity over Antarctica from radiosondes,satellites,and a general circulation model[J]. Journal of geophysical research:atmospheres,2006,111(D9):D09S13.

[126] SAHA S,MOORTHI S,PAN H L,et al. The NCEP climate forecast system reanalysis [J]. Bulletin of the American Meteorological Society,2010,91(8):1015-1057.

[127] DEE D P,UPPALA S M,SIMMONS A J,et al. The ERA-Interim reanalysis:configuration and performance of the data assimilation system [J]. Quarterly journal of the royal meteorological society,2011,137(656):553-597.

[128] JORDAN N S,HOFF R M,BACMEISTER J T. Validation of Goddard Earth Observing System-version 5 MERRA planetary boundary layer

heights using CALIPSO[J]. Journal of geophysical research,2010,115 (D24):D24218.

[129] YI C X,DAVIS K J,BERGER B W,et al. Long-term observations of the dynamics of the continental planetary boundary layer[J]. Journal of the atmospheric sciences,2001,58(10),1288-1299.

[130] BALA SUBRAHAMANYAM D,ANUROSE T J. Solar eclipse induced impacts on sea/land breeze circulation over Thumba:a case study[J]. Journal of atmospheric and solar-terrestrial physics, 2011, 73 (5/6): 703-708.

[131] MISHRA M K,RAJEEV K,NAIR A K M,et al. Impact of a noon-time annular solar eclipse on the mixing layer height and vertical distribution of aerosols in the atmospheric boundary layer[J]. Journal of atmospheric and solar-terrestrial physics,2012,74:232-237.

[132] 赵文智,吉喜斌,刘鹄. 蒸散发观测研究进展及绿洲蒸散研究展望[J]. 干旱区研究,2011,28(3):463-470.

[133] 肖生春,肖洪浪,蓝永超,等. 近50a来黑河流域水资源问题与流域集成管理[C]//烟台沙漠学术研讨会论文集.[出版地不详:出版者不详],2011.

[134] 金晓媚,梁继运. 黑河中游地区区域蒸散量的时间变化规律及其影响因素[J]. 干旱区资源与环境,2009,23(3):88-92.

[135] 周剑,程国栋,李新,等. 应用遥感技术反演流域尺度的蒸散发[J]. 水利学报,2009,40(6):679-687.

[136] 杨肖丽,任立良,袁飞,等. 利用SEBAL模型对沙拉沐沦河流域蒸散发的分析[J]. 干旱区研究,2010,27(4):507-514.

[137] 吴锦奎,丁永建,王根绪,等. 干旱区人工绿洲间作农田蒸散研究[J]. 农业工程学报,2006,22(9):16-20.

[138] 胡志桥,田霄鸿,张久东,等. 石羊河流域主要作物的需水量及需水规律的研究[J]. 干旱地区农业研究,2011,29(3):1-6.

[139] 李玲玲,黄高宝. 绿洲灌区参考作物蒸散量的测算[J]. 中国沙漠,2011,31(1):142-148.

[140] 侯兰功,肖洪浪,邹松兵,等. 额济纳绿洲生长季参考作物蒸散发敏感性分析[J]. 中国沙漠,2011,31(5):1255-1259.

[141] 宋小宁,赵英时,李新辉. 半干旱地区遥感双层蒸散模型研究[J]. 干旱区资源与环境,2010,24(9):64-67.

[142] 杨红娟,丛振涛,赵岩,等. 叶尔羌河流域绿洲蒸散量的遥感估算[J]. 干旱

区研究,2012,29(3):479-486.

[143] 王国华,赵文智.遥感技术估算干旱区蒸散发研究进展[J].地球科学进展,2011,26(8):848-858.

[144] 莫兴国,刘苏峡,林忠辉,等.华北平原蒸散和 GPP 格局及其对气候波动的响应[J].地理学报,2011,66(5):589-598.

[145] BASTIAANSSEN W G M,MENENTI M,FEDDES R A,et al. A remote sensing surface energy balance algorithm for land (SEBAL). 1. Formulation[J]. Journal of hydrology,1998,212/213:198-212.

[146] WU C D,CHENG C C,LO H C,et al. Application of SEBAL and Markov models for future stream flow simulation through remote sensing[J]. Water resources management,2010,24(14):3773-3797.

[147] ALKHAIER F,SU Z,FLERCHINGER G N. Reconnoitering the effect of shallow groundwater on land surface temperature and surface energy balance using MODIS and SEBS[J]. Hydrology and earth system sciences,2012,16(7):1833-1844.

[148] 杨永民,冯兆东,周剑.基于 SEBS 模型的黑河流域蒸散发[J].兰州大学学报(自然科学版),2008,44(5):1-6.

[149] 赵军,刘春雨,潘竟虎,等.基于 MODIS 数据的甘南草原区域蒸散发量时空格局分析[J].资源科学,2011,33(2):341-346.

[150] SUREKHA K S,PATIL B P. ECG signal compression using hybrid 1D and 2D wavelet transform[C]//2014 Science and Information Conference. London:[s. n.],2014:468-472.

[151] DONG Z H,ZHANG R X,SHAO X L. A CNN-RNN hybrid model with 2D wavelet transform layer for image classification[C]//2019 IEEE 31st International Conference on Tools with Artificial Intelligence (ICTAI). Portland:[s. n.],2019:1050-1056.

[152] JIA S F,ZHU W B,LÜ A F,et al. A statistical spatial downscaling algorithm of TRMM precipitation based on NDVI and DEM in the Qaidam Basin of China[J]. Remote sensing of environment, 2011, 115 (12): 3069-3079.

[153] MONTAVON G,SAMEK W,MÜLLER K R. Methods for interpreting and understanding deep neural networks[J]. Digital signal processing, 2018,73:1-15.

[154] 杜方洲,石玉立,盛夏.基于深度学习的 TRMM 降水产品降尺度研究:以

中国东北地区为例[J].国土资源遥感,2020,32(4):145-153.

[155] ZHANG D Y,ZHANG W,HUANG W,et al. Upscaling of surface soil moisture using a deep learning model with VIIRS RDR[J]. ISPRS international journal of geo-information,2017,6(5):130.

[156] 卢宾宾,葛咏,秦昆,等.地理加权回归分析技术综述[J].武汉大学学报(信息科学版),2020,45(9):1356-1366.